AF453482

CHIMIE

Corrigés des Exercices et Problèmes

1ʳᵉ, 2ᵉ et 3ᵉ Années

R. LESPIEAU
Professeur adjoint
a la Sorbonne

Ch. COLIN
Professeur
a l'École Lavoisier

CHIMIE

OUVRAGE RÉDIGÉ CONFORMÉMENT
AUX NOUVEAUX PROGRAMMES DU 26 JUILLET 1909

Corrigés des Exercices et Problèmes

1re, 2e et 3e Années

par M. Ch. COLIN

PARIS

LIBRAIRIE HACHETTE ET Cie

79, BOULEVARD SAINT-GERMAIN, 79

1912

CHIMIE

PREMIÈRE ANNÉE

SUBSTANCE HOMOGÈNE
SUBSTANCE HÉTÉROGÈNE, ESPÈCE CHIMIQUE

1re Série. — I. *Trouver des objets ayant le même nom que la substance dont ils sont formés.*

Verre, ardoise, diamant, cuivre, plomb, fer.

II. *Trouver parmi les mots suivants ceux qui se rapportent à une substance : brique, calcaire, moëllon, eau, vin. Faire de même pour tous les mots usuels.*

Calcaire, eau, vin; voir question I.

III. *Le mot substance ne se rapporte qu'à ce qui a un **poids**. Le feu, les sons, les couleurs, sont-ils des substances?*

Non.

IV. *Remarquer, au point de vue grammatical, l'importance de l'article indéfini (du, de la). On dira **du** sucre, mais on dira donnez-moi **le** ou **un** livre.*

C'est ainsi que l'on trouve les réponses à la première question. Car on dit « *les* cuivres de l'orchestre » et « donnez-moi *du* vin ».

2e Série. — *Le mica est-il toujours noir? Où avez-vous vu en employer? Quelles propriétés déduisez-vous de cet emploi?*

Certains micas ont l'aspect du verre et se clivent en feuilles minces, flexibles, peu fusibles, dont on peut garnir les poêles pour rendre la flamme visible.

3e Série. — I. *Expliquer le rôle du panier à salade.*

Sous l'action de la force centrifuge, les gouttes d'eau s'échappent alors que la salade s'applique contre le panier.

II. *L'aimant attire le fer et non le cuivre. Comment feriez-vous pour retirer le cuivre d'un mélange de cuivre et de fer?*

Présenter un aimant puissant qui attire le fer seul.

III. *Certains corps sont solubles dans l'eau, comme le sel marin, d'autres insolubles. Comment utiliseriez-vous cette distinction pour nettoyer du sel marin sali par de la terre? (Dissolution fractionnée.)*

Jeter le tout dans l'eau: le sel se dissout seul. Décanter et évaporer la dissolution: le sel se dépose.

EAU NATURELLE

1ᵉ Série. — 1. *Répéter à propos du vin ce qui a été dit pour l'eau.*

Le vin en s'évaporant laisse une tache sur la feuille de verre.

Quand on le distille, le liquide qui s'écoule est incolore, a une saveur brûlante. Le thermomètre monte d'environ 91° à 100° durant l'ébullition.

Le vin est donc un mélange homogène.

II. *Du fait que l'on dit : l'eau de ce pays est meilleure que l'eau de tel autre pays, l'eau ordinaire est-elle une espèce chimique?*

Non, sans quoi sa saveur serait partout la même.

2ᵉ Série. — 1. *Expliquer la formation des taches sur les verres soigneusement lavés et non essuyés.*

L'eau pure s'évapore et les substances dissoutes prennent l'état solide.

II. *Souvent après lavage et séchage, les clichés photographiques présentent des stries blanches. Pour les enlever il est bon, aussitôt le lavage, de frotter la gélatine avec le doigt mouillé. Que s'est-il produit?*

Il s'est déposé sur la plaque des substances solides provenant de l'eau (suspension et dissolution), substances ayant peu d'adhérence tant que la gélatine est humide.

III. *Si nous distillons du vin rouge, nous obtiendrons, au début de la distillation, un liquide léger, incolore, combustible, d'une saveur brûlante, l'eau-de-vie, tout à fait différent de ce qui restera dans la chaudière à ce moment.*

De plus, pendant l'ébullition, le thermomètre monte environ de 80° à 100°. Quelles conclusions peut-on tirer de cette expérience?

Le vin n'est pas une espèce chimique, c'est un mélange homogène.

3ᵉ Série. — 1. *Loin de la mer ou de tout gisement de sel, la présence du chlorure de sodium en assez grande quantité dans l'eau dénote la communication avec des fosses d'aisances. Que faut-il en conclure? Cela doit-il nous surprendre?*

Les liquides organiques contiennent du chlorure de sodium. En particulier les larmes, la sueur, sont salées. D'ailleurs le sel marin entre dans l'alimentation et il ne saurait s'accumuler dans l'organisme.

II. *En vous savonnant les mains vous constatez qu'elles restent grasses, comme si on les avait frottées d'huile. Que pouvez-vous en conclure?*

L'eau peut être assez fortement séléniteuse.

EAU PURE

1re Série. — *Comment se fait-il que la température d'ébullition de l'eau soit exactement 100° (pression 76cm) et sa température de solidification juste 0°?*

C'est ainsi que l'on *définit* les points fixes du thermomètre.

2e Série. — *Comment feriez-vous pour obtenir du sucre pur, avec du sucre mélangé à de la terre?*
II. *D'une façon générale comment peut-on séparer deux substances mélangées, dont l'une est insoluble et l'autre soluble dans l'eau?*

On jette le mélange dans une quantité d'eau suffisante, on agite le tout de manière à favoriser la dissolution. On laisse reposer et on décante. (Il reste le corps insoluble; si on a soin de le laver avec de l'eau pure, si l'on décante de nouveau et si l'on dessèche, il reste le corps insoluble pur.) Le liquide obtenu donne, par évaporation, le corps soluble.

III. *La naphtaline et le camphre sont insolubles dans l'eau; l'alcool dissout presque uniquement le camphre. On fond ensemble de la naphtaline et du camphre. Après refroidissement on obtient une masse blanche qu'on pulvérise finement. Comment retireriez-vous de cette poudre le camphre et la naphtaline?*

La poudre jetée dans l'alcool laisse dissoudre le camphre seul. Il reste la naphtaline. Par évaporation de l'alcool camphré on obtient le camphre.

3e Série. — *Pourquoi serait-il difficile de recueillir de l'eau en prenant un verre assez petit dans l'expérience décrite au n° 42, 1er procédé?*

Le verre s'échauffe rapidement et la vapeur ne se condense plus sur les parois.

4e Série. — 1. *Comment se fait-il que Lavoisier emploie le mot air au lieu de gaz?*
Alors, pour distinguer de l'air les différents gaz, il ajoute au mot air un qualificatif. Ainsi il dira air inflammable aqueux (hydrogène), air vital (oxygène), air fixe (gaz carbonique).
Ce nom d'air inflammable aqueux est-il bien choisi?

Les gaz ont généralement l'aspect de l'air.

Oui : l'hydrogène est un gaz qui *brûle* en donnant de l'eau ; inversement on peut l'extraire de l'eau.

5° Série. — *Pourquoi (expérience de la fig. 24) 1° le tube T est-il souvent brisé? — 2° Faut-il un tube de sûreté au flacon F?*

1° La vapeur se condense et donne de l'eau qui arrive sur les parties fortement chauffées de T.

2° Oui : car à la fin de l'expérience la vapeur d'eau se condenserait en F et T : l'eau de C monterait en T, s'y vaporiserait rapidement et pourrait produire une explosion.

6° Série. — I. *Si cela est possible, allez voir la statue de Lavoisier qui se trouve à Paris, derrière la Madeleine. Vous vous demanderez si le monument rappelle bien la vie et l'œuvre scientifique du grand chimiste. (Nous parlerons encore de Lavoisier en particulier à propos de l'air).*

Oui : on y a mis en évidence une balance, et les bas-reliefs sont relatifs à l'analyse de l'air et à la constitution des oxydes métalliques.

II. *La réaction du sodium sur l'eau dégage beaucoup de chaleur : il arrive souvent que, dans l'expérience de la figure 27, le métal soit porté à l'incandescence. Montrer pourquoi la réaction pourrait être explosive si l'on prenait de gros morceaux de sodium.*

Le sodium porté au rouge *vaporiserait* beaucoup d'eau.

III. *Le sodium et ses composés colorent les flammes en jaune. Pourquoi l'hydrogène obtenu (fig. 27) brûle-t-il avec une flamme jaune?*

Il contient des gouttelettes d'eau qui ont dissous de la soude.

IV. *Dans l'action du potassium sur l'eau, peut-on recueillir de l'hydrogène? Pourquoi? Que faudrait-il faire pour en obtenir?*

Non puisqu'il brûle. Il faudrait donc éviter le contact immédiat de l'air par exemple en produisant la réaction *sous* l'eau. (Exemple : fig. 27.)

HYDROGÈNE

1° Série. — I. *Montrer que le tube à entonnoir permet de verser des liquides dans un flacon sans déboucher celui-ci et s'oppose à la sortie des gaz.*

Le gaz ne peut sortir que si l'extrémité du tube ne plonge pas dans le liquide. Il faudrait donc que, par sa pression, le gaz fasse partir par le tube à entonnoir tout l'excès de liquide.

II. *Faut-il que l'extrémité du tube à entonnoir plonge dans le liquide? Pourquoi?*

Oui, sans quoi le gaz s'échapperait par ce tube.

III. *Qu'arrive-t-il si les bouchons ne ferment pas hermétiquement les flacons?*

Le gaz s'échappe partiellement et de l'air peut rentrer.

IV. *Si, après avoir versé l'acide, il ne passe que peu ou point de bulles en F ou en E, que faut-il conclure (fig. 3o)?*

Il y a des fuites en C ou en F.

V. *Si l'on supprimait le flacon laveur F, en résulterait-il un gros inconvénient? Pourquoi (fig. 3o)?*

Non. Il ne peut y avoir que quelques gouttelettes d'eau acidulée entraînées dans le gaz de E.

VI. *Quand l'appareil est en marche, le liquide monte dans Te. Y a-t-il une relation entre les ascensions h, h', h″ (fig. 3o)?*

La pression en C doit être légèrement supérieure à la pression en E. On a donc sensiblement $h = h' + h''$.

2ᵉ Série. — *En tenant compte de ce qui a été dit au nᵒ 50 pourquoi peut-on affirmer que c'est l'acide et non l'eau qui a fourni l'hydrogène?*

Avec une faible quantité d'eau on peut décomposer une grande quantité d'acide, par exemple en ajoutant de temps à autre de l'acide pur et du zinc.

3ᵉ Série. — **I.** *Quelle précaution faut-il prendre pour transporter un flacon non fermé contenant de l'hydrogène?*

Le transporter l'ouverture en bas.

II. — *Si l'on n'avait pas de récipient à eau pour placer les éprouvelles (fig. 3o), comment pourrait-on recueillir l'hydrogène?*

Par déplacement : le tube abducteur déboucherait dans des flacons pleins d'air, placés l'ouverture en bas.

4ᵉ Série. — **I.** *Pourquoi ne peut-on employer ici, pour oxyder l'hydrogène : 1ᵒ l'oxygène libre; 2ᵒ l'air; 3ᵒ le chlorate de potassium? Quels sont les avantages de l'oxyde de cuivre?*

1ᵒ, 2ᵒ, 3ᵒ **O** pourrait ne pas se combiner *totalement* à **H** et il faudrait déterminer le poids de **O** employé en mesurant le volume et la température de gaz, ce qui est trop peu précis. — 2ᵒ Il resterait certainement **Az**. — Avec **CuO**, **O** est fourni *au fur et à mesure* des besoins si **H** passe lentement et la quantité de **O** se détermine avec une précision extrême par pesées.

5ᵉ Série. — *L'eau est-elle un corps simple? Pourquoi? — Le granit, l'eau de mer sont-ils des corps composés? — En brûlant de l'acétylène on obtient du gaz carbonique et de l'eau. Le gaz acétylène est-il un corps simple? — En chauffant du calcaire, même à l'abri de l'air, on obtient de la chaux vive et du gaz carbonique. Qu'en conclure?*

L'eau est un corps composé (§ **40**, **42**, **45**, **46**, **47**, **55**). — Le granit, l'eau de mer sont des mélanges et non des corps composés. — L'acétylène est un corps composé puisqu'en brûlant il donne *deux* substances différentes. — Le Calcaire est un corps composé puisque, chauffé, il donne *deux* substances différentes (on montre en effet que le calcaire et l'acétylène sont deux espèces chimiques).

*6e Série.   Les réactions étudiées aux n°° **11**, **13**, **14**, **15**, **18**, **19**, **20**, sont-elles des phénomènes physiques ou chimiques? — Y a-t-il eu toujours variation de poids? — Cette variation a-t-elle toujours eu lieu dans le même sens?   Quand nous parlons de variation de poids, s'agit-il du poids du système total considéré?*

Ce sont des phénomènes chimiques, car il y a formation de corps nouveaux. — Il peut ne pas y avoir variation de poids aux exp. **11**, **13**, **14**. — Aux exp. **18**, **19**, **20** il y a diminution de poids de la substance primitive. — Le poids du système *total* reste invariable (ne rien laisser échapper).

OXYGÈNE

1re Série. — 1. Quels sont les corps utilisés comme combustibles? Quels sont les caractères de leur combustion? Comment faudrait-il procéder pour constater qu'étant donné p kg de combustibles, les corps qui résultent de la combustion pèsent plus de p kg?

Comment se fait-il que bien des gens vous riraient au nez, si vous leur disiez que dans la combustion du bois, du gaz, du pétrole, de la bougie il y a augmentation de poids?   D'où provient cette augmentation?   Aux dépens de quoi se fait-elle?

Bois, houille, gaz d'éclairage, alcool, benzol. — Ils se combinent à O en dégageant beaucoup de *chaleur* et en donnant des produits *gazeux* (surtout H_2O et CO_2).   Il faudrait recueillir tous ces gaz.

II. Comment appelleriez-vous la combinaison de **H** *et* **O** *?*

Une oxydation ou une combustion.

2e Série.   1. Pourquoi le sapin brûle-t-il plus facilement que le chêne?

Le sapin est moins compact et il renferme de la résine.

II. Examiner une allumette ordinaire. Comment est-elle constituée? Que se produit-il quand on la frotte?

Voir § **230**. — Par frottement le sulfure de phosphore brûle, la combustion se communique à **S**, puis au bois.

III. Quand on veut allumer du feu, comment procède-t-on?

On range les combustibles dans un ordre de facilité de combustion décroissante (papier, brindilles sèches, branches sèches, bois ordinaire) et la quantité de combustible de chaque sorte suffit pour permettre la combustion du combustible suivant.

3e Série. — I. *Pour avoir une combustion très active, est-il bon de chauffer l'oxygène? Pourquoi?*

Oui, car **O** doit prendre la température du foyer.

II. *Quel est le rôle de l'eau sur le feu?*

Elle refroidit considérablement le foyer (échauffement et vaporisation) et empêche le contact de **O**.

III. *On souffle sur des charbons rouges pour les faire brûler vivement; on souffle sur une bougie pour l'éteindre. Qu'en conclure?*

O de l'air tend à activer la combustion. L'air soufflé doit être échauffé par le foyer. Avec les charbons le 1er phénomène l'emporte; avec la bougie c'est le second et le foyer se refroidit assez pour que la combustion s'arrête.

MÉLANGE, COMBINAISON, RÉACTION

Quels sont les agents physiques (lumière, chaleur, électricité), auxquels nous nous sommes adressés jusqu'ici pour obtenir des combinaisons ou des réactions? Citer des exemples.

Généralement la chaleur (§ **11, 18, 19, 20**) parfois l'électricité (§ **40**) ou la lumière (§ **198**).

ACIDES, BASES, SELS

Le gaz d'éclairage, le pétrole, donnent en brûlant de l'eau. Que faut-il en conclure? — Peut-on les ranger parmi les acides sachant que, même en présence d'eau, ils ne conduisent pas le courant?

Ils contiennent **H**. — Non.

AIR ATMOSPHÉRIQUE

1re Série. — *Si le gaz qui sort d'un appareil est humide, comment ferez-vous pour le dessécher?*

On le met au contact d'acide sulfurique ou de chlorure de calcium, à condition qu'il n'y ait pas réaction (**129**).

2e Série. — I. *Lavoisier observe que la combustion du charbon, faite dans une cloche renversée sur le mercure, n'occasionne pas une diminution très considérable dans le volume de l'air dans lequel on le fait brûler. Trouver la raison de cela.*

O est transformé en gaz carbonique qui occupe le même volume.

II. *Imaginer une expérience permettant de voir qu'il se forme du gaz carbonique dans la combustion de la bougie, du bois, du pétrole.*

Par exemple mettre au-dessus du combustible un verre mouillé d'eau de chaux.

III. *On voudrait faire l'analyse de l'air en faisant brûler une bougie dans un récipient renversé : 1° sur le mercure; 2° sur la cuve à eau; 3° sur une dissolution de potasse. En quoi les résultats différeront-ils? Cette analyse est d'ailleurs grossière, car la bougie s'éteint avant que tout l'oxygène soit absorbé.*

Après refroidissement : 1° il restera **Az** et tout le CO^2 formé; 2° une partie du CO^2 se dissout; 3° CO^2 est totalement absorbé.

3ᵉ Série. *I. Quand la calcination à l'air libre d'un morceau d'étain cessera-t-elle?*

Quand tout **Sn** sera transformé en oxyde.

II. Même question pour les combustions se produisant à l'air libre. — Comment pourra-t-on arrêter une telle combustion?

Quand toute la substance sera brûlée. — Par refroidissement (eau); en empêchant l'accès de l'air (drap mouillé...).

III. Pour éteindre un feu de cheminée : 1° on ferme les deux ouvertures terminales; 2° on brûle du soufre. Donner les raisons des procédés employés.

1° L'air est en quantité limitée; 2° **O** sert à la combustion surtout de **S** et non de la suie.

4ᵉ Série. *I. Qu'arrive-t-il quand plusieurs personnes demeurent longtemps dans une chambre bien close?*

O disparaît; il se dégage CO^2 et diverses émanations.

II. Si dans cette chambre se trouve un foyer (surtout un réchaud de charbon) les phénomènes seront-ils accélérés ou retardés?

Accélérés car le charbon prend **O** et CO^2 se forme.

AZOTE

1ʳᵉ Série. *I. Des éprouvettes contiennent des gaz purs incolores. Comment feriez-vous pour trouver celle qui contient du nitrosyle?*

L'introduction d'air y produit des vapeurs rutilantes.

II. Trois éprouvettes contiennent l'une de l'oxygène, l'autre de l'air, l'autre de l'hydrogène. Comment les reconnaîtriez-vous avec du bioxyde d'azote?

AzO ne donne rien avec **H**; avec **O** et air, on a des vapeurs rutilantes; la transformation est totale avec **O** (verser une solution de soude); avec l'air il reste **Az**.

III. Montrer qu'en introduisant peu à peu du nitrosyle dans une cloche contenant de l'air et renversée sur l'eau on peut déterminer approximativement la composition de l'air. (C'est ce que fit **Priestley**, *chimiste anglais contemporain de Lavoisier, auquel on doit la découverte de* O,AzO.)

AzO donne avec O des vapeurs rutilantes qui se dissolvent; on l'introduit lentement, bulle à bulle, jusqu'à ce qu'il n'apparaisse plus de teinte rouge.

2ᵉ Série. — *I. Comment montreriez-vous la formation de composés azotés dans le fumier?*

Odeur. — Fumées avec HCl. — AzH^3 avec KOH.

II. Comment expliquez-vous les fumées qui se dégagent d'un fumier par un temps froid?

Des phénomènes microbiens dégagent de la chaleur, et la vapeur d'eau se condense à l'air froid.

AMMONIAQUE

1ʳᵉ Série. — *Peut-on dire la couleur usuelle d'un métal d'après l'examen superficiel? — Quelle précaution faut-il prendre quand on veut l'indiquer? — Donner des exemples.*

Non, quand le métal s'altère à l'air. — Il faut regarder soit une cassure fraîche, soit une partie qu'on vient de limer. — Fer, cuivre.

2ᵉ Série. — *Peut-on prendre l'acide sulfurique pour dessécher* (**106**) *le gaz ammoniac? Pourquoi?*

Non : AzH^3 se combinerait à lui.

3ᵉ Série. — *I. Quel réactif prendriez-vous pour faire l'expérience de la figure 52 de manière à avoir un jet rouge?*

Phtaléine au lieu de tournesol.

II. Expliquer le remplissage d'un récipient avec de l'eau. Quelles ressemblances et quelles différences y a-t-il avec le remplissage du tube avec de l'ammoniaque?

L'eau prend la place de l'air qui doit s'échapper. AzH^3 se dissout dans l'eau, d'où un vide graduel comblé par la dissolution.

4ᵉ Série. — *I. Comment se fait-il qu'en versant de l'eau bouillante sur le mélange de sel ammoniac et de chaux, il y ait dégagement de gaz ammoniac? Y a-t-il contradiction avec ce qui précède?*

C'est en somme la préparation indiquée (3ᵉ partie du § **134**). Non car AzH^3 n'est pas soluble dans l'eau chaude.

II. Et pourquoi le gaz ne se dégagerait-il pas à froid du mélange de la solution ammoniacale et de lait de chaux?

Il s'y dissout.

III. *Pourquoi ne peut-on mettre de l'acide sulfurique dans le tube en S?*

Il se combine à **AzH³**.

5ᵉ Série. — *Montrer en quoi l'emploi de la cuve à mercure a été un grand progrès.*

Elle permet de recueillir et d'étudier les gaz solubles dans l'eau.

SOUFRE

1ᵉ Série. — *On dit que certains arbres donnent à certains moments une pluie de soufre. Qu'en pensez-vous? A quelles propriétés ce terme fait-il allusion?*

C'est impossible. Le pollen abondant est en grains très fins et jaunes.

2ᵉ Série. — *Reconnaître la présence du soufre dans la poudre de chasse noire.*

L'agiter avec **CS²**. La dissolution évaporée donne **S**.

3ᵉ Série. — I. *Quand on broie des œufs avec une fourchette en argent, celle-ci noircit. Qu'en conclure?*

Les produits *sulfurés* des œufs produisent **Ag²S**.

II. *Les sulfures de fer naturel et artificiel ont-ils la même formule?*
Non : **FeS²** et **FeS**.

III. *Examiner attentivement des morceaux de houille. Y constater la présence fréquente de pyrite.*

Parties jaunes, cristallisées, à reflets métalliques.

ANHYDRIDE SULFUREUX

1ᵉ Série. — I. *Quand on enflamme une allumette, on dit que « cela sent le soufre ». Que pensez-vous de cette expression?*

Cela sent **SO²** et non **S**.

II. *Quand on allume une allumette soufrée, pourquoi faut-il éviter de la remuer brusquement? Que feriez-vous si du liquide enflammé vous tombait sur la main?*

Du **S** fondu tombe. — Plonger la main dans l'eau; à défaut la couvrir d'un mouchoir.

2ᵉ Série. — I. *Quand on fond du soufre dans un ballon en verre,* *il arrive parfois que le ballon se brise. Que fera le soufre? Que ferez-vous pour empêcher les personnes de la salle d'être suffoquées?*

S coule et brûle. — Utiliser l'eau.

II. *Quand on fond du soufre dans un ballon, il y en a fort peu pour brûler. Mais si le ballon se fêle, la combustion du soufre est active. Comment expliquez-vous ces différences?*

Dans le ballon il y a peu ou point d'air. — **S** coule par la fente et se trouve au contact de l'air.

3e Série. — I. *Le sulfure de zinc ou blende, le sulfure de plomb ou galène sont des minerais importants. Que se forme-t-il quand on les grille?*

SO_2 et l'oxyde **ZnO** ou **PbO**.

II. *Le sulfure de mercure, ou cinabre, grillé donne bien SO_2 et du mercure (non oxydé). Mais ce mercure est volatil. Que faudra-il faire pour recueillir le mercure?*

Les gaz arrivent dans une cavité froide où **Hg** seul se condense.

III. *La houille contient de 0,5 à 7 %, de pyrite ou sulfure de fer* **FeS²** *qui a souvent l'aspect de l'or. Comment se fait-il que l'atmosphère des grandes villes contienne du gaz sulfureux?*

Dans la combustion de la houille, **FeS²** donne $2SO_2$.

4e Série. — I. *Calculer la densité (par rapport à l'air) du gaz sulfureux. — Comment recueillerait-on ce gaz si on n'avait pas de cuve à mercure?*

$SO_2 = 32 + 16 \times 2 = 64$. Donc $22^l,3$ de SO_2 à 0^0 et 1^{at} pèsent 64^{gr} d'où

densité $= \dfrac{64}{28,8} = 2,2$ environ — SO_2 se recueillerait par déplacement. le flacon ayant son ouverture en haut.

II. *Comment procéderiez-vous pour obtenir du gaz sulfureux avec un siphon d'anhydride liquéfié?*

Retourner bout pour bout le siphon (voir la fig. 122).

5e Série. — I. *On peut utiliser les raisins noirs pour fabriquer du vin blanc. Mais alors les moûts sont un peu colorés. Comment se fait-il qu'on les traite par le gaz sulfureux?*
La décoloration obtenue est passagère. Que faut-il faire quand elle réapparait?

SO_2 les décolore. — Dissoudre de nouveau du SO_2.

II. *Le vin contient des acides. Que se produira-t-il quand, après avoir versé du bisulfite de potassium dans une bouteille de vin, on bouchera puis agitera la bouteille?*

Le bisulfite est décomposé et donne SO_2 qui se dissout.

ACIDE SULFURIQUE

1ᵉ Série. — *Un acide sulfurique pèse 20°, 40° Baumé. Déterminer, à l'aide des courbes de la figure 70 : 1° sa densité; 2° sa température d'ébullition; 3° sa richesse pour 100 en acide pur.*

20° : 1,16; 112°; 22 %.

(nombres approchés).

40° : 1,38; 132°; 48 %.

2ᵉ Série. — *L'acide à 66° Baumé contient 1,5 % d'eau. Quelle quantité d'anhydride sulfurique faut-il ajouter à 100ᵏ de cet acide pour le transformer en* SO_4H_2 *pur?*

SO_3 (80ᵏ) + H_2O (18ᵏ) = SO_4H_2. Pour 1ᵏ,5 d'eau il faut ajouter $\dfrac{80 \times 1,5}{18}$

= 6ᵏ,7 de SO_3.

3ᵉ Série. — I. *Comment feriez-vous pour tracer des caractères noirs indélébiles sur des étiquettes en bois?*

Les tracer avec SO_4H_2.

II. *Une mince couche de charbon protège la pointe des pieux contre la pourriture. Comment réaliser facilement cette couche de charbon?*

En plongeant le pieu dans SO_4H_2.

4ᵉ Série. — *On réalise une dissolution aqueuse d'acide sulfurique pur contenant 98 grammes d'acide par litre de dissolution.*

On constate que pour neutraliser 20ᶜᵐ³ d'une dissolution de soude il faut 15ᶜᵐ³ de liqueur acide. Combien un litre de solution de soude contient-elle de soude pure?

SO_4H_2 + 2 Na(OH) — SO_4Na_2 + 2H_2O. Donc 98ᵏ et par suite 1000ᶜᵐ³ d'acide neutralisent (23 + 16 + 1) × 2 = 80ᵏ de soude.

Dans 20ᶜᵐ³ de dissolution de soude, il y a donc 0,08 × 15 = 1ᵏ,20 de soude ; d'où 60ᵏ par litre.

II. *On a réalisé un litre d'une solution d'acide sulfurique telle que 20ᶜᵐ³ de cette solution sont neutralisés par 20ᶜᵐ³,1 de liqueur normale basique (40 grammes de soude dans un litre d'eau). Combien faut-il ajouter d'eau à l'acide pour obtenir la neutralisation à volumes égaux?*

Il faudra ajouter sensiblement 25ᶜᵐ³ d'eau.

ACIDE SULFHYDRIQUE

1ᵉ Série. — I. *Quel est le sulfure naturel dont nous avons parlé (150)? Comparer sa formule à* **FeS**. — *Traitée par un acide, la pyrite ne donnerait pas* H_2S.

La pyrite FeS_2.

II. *Préparer* H^2S *en remplaçant* SO^4H^2 *par* HCl.

$2\,HCl + FeS = FeCl^2 + H^2S \nearrow$.

2ᵉ Série. — I. *Pourquoi faut-il faire la dissolution de gaz sulfhydrique avec de l'eau récemment bouillie? Pourquoi les flacons de dissolution doivent-ils être complètement remplis?*

O soit de l'air surmontant la dissolution, soit de l'air dissous oxyderait H^2S.

II. *Comment mettriez-vous simplement en évidence la présence d'hydrogène et de soufre dans le gaz sulfhydrique?*

Voir **170**.

III. *On dit parfois que l'hydrogène sulfuré sent les œufs pourris. Ne serait-il pas plus correct de dire l'inverse?*

Oui car dans leur putréfaction il se produit H^2S.

IV. *Y a-t-il du soufre dans les œufs? — Comment se fait-il que les couverts en argent noircissent souvent quand on mange des œufs?* (**172** *et* **146**).

Oui (voir III). — Formation de Ag^2S.

CHLORURE DE SODIUM

I. *Y a-t-il intérêt à avoir beaucoup d'eau mère interposée dans les cristaux?*

Naturellement non, d'autant plus que cette eau est impure.

II. *Un sel en gros cristaux est-il moins pur qu'un sel en petits cristaux? Pourquoi?*

Probablement non, en raison de la plus grande quantité d'eau mère interposée.

III. *Du sel marin pulvérisé décrépite-t-il plus que du sel en gros cristaux? Pourquoi?*

Non car il y a moins d'eau mère emprisonnée.

IV. *Comment expliquez-vous qu'en France les marais salants de la Méditerranée sont beaucoup plus importants que ceux de l'Atlantique?*

L'eau est plus salée, la température plus élevée, les pluies plus rares.

V. *Pour recueillir 1000 tonnes de sel par an, on compte, dans le Midi, sur une superficie de 30 hectares environ, et sur 15 ouvriers. Dans l'ouest on compte sur 80 hectares environ et 90 ouvriers. Comment expliquez-vous ces différences?*

. L'évaporation est plus active dans le Midi (température plus élevée, état hygrométrique plus faible) et l'eau est plus salée.

VI. *Le sel pur est légèrement hygroscopique. Brut, il l'est fortement par suite de la présence de chlorure de magnésium. En déduire quelques propriétés de ce dernier corps. (On dit qu'un corps est hygroscopique quand il devient humide à l'air.)*

$MgCl^2$ est soluble dans l'eau puisqu'il existe dans l'eau de mer ; il absorbe énergiquement la vapeur d'eau de l'atmosphère.

VII. *Au sommet d'un tas de fagots on fait arriver de l'eau salée. Quels phénomènes se produisent? — Un aréomètre Baumé marque-t-il le même degré dans l'eau salée qui arrive et dans celle que l'on recueille au bas du tas de fagots? — Pourquoi appelle-t-on ces tas de fagots des bâtiments de graduation?*

L'eau s'évapore assez rapidement (grande surface des fagots) si l'air est sec et en mouvement. Donc la dissolution se concentre et, au bas, l'aréomètre marque un *degré* plus élevé, d'où le mot graduation.

ACIDE CHLORHYDRIQUE

1ʳᵉ **Série.** — 1. *Pour la fabrication de certains verres, le sulfate de sodium ne doit pas contenir de fer. Qu'arriverait-il si on employait des cuves en fonte?*

Le sulfate contiendrait des composés du fer.

II. *Pour préparer l'acide chlorhydrique on peut prendre l'acide des chambres de plomb. La préparation est-elle alors moins coûteuse qu'avec l'acide concentré? Pourquoi?*

Oui car la fabrication de l'acide concentré exige des dépenses (**162**).

III. *Le sulfate neutre* SO^4Na^2 *se dissout dans l'eau et la dissolution évaporée donne des cristaux incolores* SO^4Na^2, $10H^2O$ *(sel de Glauber). Comment procède-t-on dans l'industrie pour nettoyer le sulfate répandu à terre? Sous quel aspect se présente-t-il une fois purifié?*

On jette le tout dans l'eau, on décante et on évapore la dissolution d'où du sulfate cristallisé.

IV. *En versant un peu d'acide sulfurique sur du chlorure de sodium le solide prend une teinte jaune et ne peut plus servir à la consommation. Expliquer ce qui se produit quand on dénature ainsi le sel marin.*

Il y a formation de SO^4Na^2 de HCl et de composés du fer (provenant de SO^4H^2 impur, parfois du chlorure : **176**).

V. *Par où se fait une réaction entre solide et liquide? Que faut-il faire pour augmenter ou diminuer la vitesse de réaction? Quels sont les moyens pratiques pour cela Pulvériser; gros morceaux; chaleur)?*

Par la surface. — Augmenter ou diminuer la surface; élever ou abaisser la température.

VI. *Quel est un moyen simple d'obtenir de gros morceaux d'une substance fusible sans décomposition?*

Fondre la substance ; après solidification, concasser grossièrement.

VII. *Le chlorure de sodium fondu décrépite-t-il? Pourquoi?*

Non : pendant la fusion, l'eau d'interposition disparait.

2ª Série. — *Pourquoi arriverait-on au même résultat en faisant barbotter le gaz chlorhydrique dans les réactifs?*

Le gaz se dissout dans l'eau du réactif.

3ᵉ Série. — *Les anciens chimistes appelaient* esprits *les parties facilement volatiles. Ainsi ils nommaient l'alcool et l'acide chlorhydrique respectivement esprit de vin, esprit de sel. Donner la raison de ces termes.*

Au début de la distillation, le *vin* donne surtout des *vapeurs* d'alcool. Le *sel* marin traité par SO^4H^2 donne HCl *gazeux*.

CHLORE

1ʳᵉ Série. — *Le chlore ainsi obtenu est-il pur?*

Non : il reste **Az** et peut-être **O**.

2ᵉ Série. — I. *Connaissez-vous un corps, dont il a été parlé, qui pourrait servir — en en prenant de petites quantités — à préparer le chlore?*

ClO^3K.

II. *Pourquoi ne peut-on utiliser l'oxyde de mercure pour préparer le chlore?*

Cl réagirait sur **Hg**.

III. *Une molécule de bioxyde de manganèse* **MnO^2** *donne une molécule de chlore. Quel volume de chlore peut-on obtenir avec 50 grammes de bioxyde?* (**$Mn = 55$**)

$$MnO^2 = 55 + 16 \times 2 = 87. \text{ D'où } \frac{22.3 \times 50}{87} = 12^l,8 \ (0^{\circ} 1^{at}).$$

3ᵉ Série. — *Chercher la densité du chlore.*

Formule **Cl^2**. Molécule gramme $35.5 \times 2 = 71$. Densité $\frac{71}{28.8} = 2.5$ environ.

4ᵉ Série. — *Le chlore* **sans eau** *se conserve comprimé ou liquéfié dans des cylindres en fer. Que peut-on en conclure? Ne pourrez-vous dire que l'eau joue ici le rôle d'un catalyseur?*

La présence de l'eau est nécessaire à la réaction. — Oui.

SODIUM ET SOUDE

I. *Comment se fait-il qu'on puisse conserver le sodium dans des boîtes bien closes et bien remplies du métal?*

Le sodium n'est pas au contact de l'air (H_2O, CO_2).

II. *La soude solide est beaucoup plus fusible que le chlorure de sodium. Quel est alors le procédé le plus facile pour obtenir le sodium? Quel est son inconvénient? ($NaOH$ est-elle un corps naturel?)*

Électrolyser la soude fondue. — Il faut préparer $NaOH$.

CHLORURES DÉCOLORANTS

I. *Qu'arrive-t-il quand on fait un emploi exagéré de l'eau de Javel pour nettoyer le linge?*

Le linge devient rapidement hors d'usage.

II. *Comment feriez-vous pour préparer du chlore avec du chlorure de chaux? Ce procédé est-il commode? Peut-il être industriel?*

Traiter le chlorure par HCl (fig. 72), à froid, ce qui est très commode. — Non, car le chlorure s'obtient en partant de Cl.

III. *Pourquoi cela sent-il le chlore quand on a répandu du chlorure de chaux dans les cabinets? Quel rôle joue-t-il?*

CO_2 de l'air et les produits organiques acides décomposent le chlorure d'où Cl qui désinfecte.

IV. *Pourquoi marque-t-on sur les flacons d'eau de Javel. « Tenir debout et au frais »?*

L'eau de Javel se décomposerait à chaud. — Si le bouchon était détruit, ou s'il sautait (pression du gaz résultant de la décomposition), le liquide s'échapperait du flacon couché.

PHOSPHORE

1ʳᵉ Série. — I. *Dans la première partie de la fabrication du phosphore (rouge sombre) le carbone intervient-il? Pourquoi ne l'introduit-on pas seulement après la transformation en acide métaphosphorique (mélange moins intime; perte de chaleur)?*

Non. — Il faudrait laisser refroidir, puis concasser et pulvériser la masse afin de la mélanger au C. Au contraire au début, on obtient facilement une pâte homogène.

2ᵉ Série. — *Décrire les phénomènes physiques et chimiques qu'on observe quand on enflamme une allumette.*

Par frottement P^4S^3 s'échauffe et se combine à **O** de l'air. La chaleur dégagée par cette combustion permet à **S** de s'enflammer, et par la combustion de **S** le bois est porté à une température suffisante pour qu'il brûle.

CARBONE

1ʳᵉ Série. — *I. Quels sont les corps qui brûlent sans résidu?*

Les corps dont les éléments constitutifs ou brûlent en donnant des produits gazeux, ou sont gazeux (**H. C, O. Az**...).

II. Un corps qui en brûlant donne uniquement de l'anhydride carbonique est-il du carbone pur?

Il peut contenir **C** et **O**.

III. On prend 12 grammes d'un corps que l'on brûle complètement. Quel est le poids maximum et minimum de gaz carbonique formé? Si l'on obtient p^g de ce gaz, quelle est la richesse pour 100 du corps en carbone?

Si c'est **C** pur, on obtient 44^g de CO^2. Le minimum est zéro (pas de carbone) — 44^g de CO^2 correspondent à $100^0/_0$ de **C**; p^g de CO^2 correspondent à $\dfrac{25\,p}{11}\,^0/_0$ de **C**.

2ᵉ Série. — *A quelle propriété fait-on allusion quand on parle d'un diamant de* **belle eau?**

A sa transparence parfaite et à sa coloration nulle.

3ᵉ Série. — *I. Dans l'air liquide les corps durcissent étonnamment. Peut-on employer la plombagine comme lubrifiant dans les machines à air liquide?*

Non.

II. Comment expliquez-vous qu'un crayon est d'autant plus dur qu'il contient plus d'argile? — Et comment expliquez-vous qu'un crayon est d'autant plus noir qu'il est plus tendre?

L'argile cuite raie le papier sans y laisser de trace. Le mélange argile + graphite est d'autant plus noir et plus tendre qu'il contient plus de graphite.

4ᵉ Série. — *I. Le charbon de sucre n'a pas la forme du sucre primitif, et pourtant le carbone est presque infusible. Y a-t-il contradiction?*

Non : avant de se carboniser le sucre a fondu.

II. Du fait que le bois garde sa forme en se carbonisant, la substance qui constitue le bois est-elle fusible?

Non.

5ᵉ Série. — Le gaz à l'eau passant dans l'air liquide donne **CO. CO²** *liquides; il reste* **H***. C'est une préparation facile de ce gaz qui, valant plus de 1 franc le m³ pour la navigation aérienne, ne coûterait plus que moitié (G. Claude). — Énumérer les phénomènes sur lesquels repose cette préparation.*

CO et **CO²** du gaz à l'eau se liquéfient seuls dans l'air liquide; à cette température **H** reste gazeux.

6ᵉ Série. — I. En tenant compte des lois de l'ébullition, expliquer pourquoi le sulfure de carbone est un liquide très volatil.

À 4°ᵐ la tension maxima des vapeurs est 76ᵐᵐ, valeur considérable.

II. Pourquoi conserve-t-on souvent le sulfure de carbone sous une couche d'eau?

À cause de sa volatilité.

III. Expliquez pourquoi on peut utiliser **CS²** *pour éteindre les feux de cheminée. On emploie aussi* **S***. Lequel des deux corps préféreriez-vous, et pourquoi?*

Avec **O**, **CS²** donne **CO²** $+$ 2**SO²**. — Préférer **CS²** à cause de sa volatilité et de son inflammabilité.

CO³Ca; CO²; CO

1ʳᵉ Série. — I. Croyez-vous que le carbonate de calcium soit très soluble dans l'eau? Pourquoi?

Non : on en fait des maisons.

II. Jeter une coquille d'œuf dans le feu. Décrire les phénomènes qui se passent. Comparer à divers moments les propriétés de la substance.

La coquille noircit, donne des gaz combustibles et une odeur de corne brûlée. Souvent elle décrépite et les morceaux sont projetés de tous côtés. En chauffant avec précaution, la coquille devient grisâtre, puis blanche. À tous les stades de l'expérience, la coquille fait effervescence avec **HCl**. (Il faudrait chauffer plus fortement pour transformer **CO³Ca** en **CaO**.)

2ᵉ Série. — I. L'air renferme 0,0003 de son volume de **CO²***. La hauteur de l'atmosphère serait de 8 kilomètres, si sa pression était partout de 76 centimètres de mercure. Combien y a-t-il : 1° de* **CO²***; 2° de carbone combiné dans l'atmosphère terrestre?*

Volume approximatif de l'air (0,1ᵐ) en km³ $8 \times \frac{1}{4}\pi R² = \dfrac{8 \times (2\pi R)²}{\pi}$

$= \dfrac{8 \times (40000)²}{\pi}$. D'où $\dfrac{8 \times (40000)² \times 0,0003}{\pi}$ $= 122 \times 10000$ km³ environ de **CO²** (0,1ᵐ). Dans 22ˡ,3 de **CO²** (0,1ᵐ), il y a 12ᵍʳ de **C**; dans 22,3 km³, il y a 12 millions de tonnes de **C**. D'où en tout :

$$\frac{12 \times 122 \times 10000}{22,3} = 66000 \text{ millions de tonnes, environ.}$$

II. *Quel poids de craie faut-il calciner pour obtenir 100 kilogrammes de chaux vive? Quel est le poids et le volume ($0°$ et 1^{at}) du gaz produit?*

CO^3Ca ($12 + 16 \times 3 + 40 = 100$) $= CO^2$ ($22^l,3$ à $0°,1^{at}$) $+ CaO$ ($40 + 16 = 56$).

Pour avoir 100^{kg} de chaux il faut donc $\dfrac{100 \times 100}{56} = 180^{kg}$ environ de calcaire ; il se dégage $\dfrac{22,3 \times 100}{56} = 40\,m^3$ environ de CO^2 pesant $\dfrac{44 \times 180}{100} = 79^{kg},2$.

III. *L'écorce terrestre contient des bancs de calcaire d'épaisseur moyenne de 1 kilomètre. Le mètre cube de calcaire pèse environ 2500 kilogrammes. Combien y a-t-il : 1° de CO^2 combiné ; 2° de carbone dans le sol?*

La couche de calcaire a un volume d'environ $4\pi R^2 = \dfrac{(2\pi R)^2}{\pi} = 510$ millions de km^3.

100^{kg} de calcaire contiennent 44^{kg} de CO^2 et 12^{kg} de C (Problème II). Donc 1^{m3} de calcaire contient $44 \times 25 = 1\,100^{kg}$ de CO^2 et $12 \times 25 = 300^{kg}$ de C.

D'où, par km^3 11×10^8 tonnes de CO^2 et 3×10^8 tonnes de C.

En tout 561×10^9 millions de tonnes de CO^2 et 153×10^9 millions de tonnes de C.

3ᵉ Série. — *La craie naturelle se débite à la scie en morceaux de section carrée. — On vend aussi de la craie moulée. Comment feriez-vous pour voir si elle est fabriquée avec du carbonate de calcium?*

Dans ce cas il y a effervescence avec **HCl**.

4ᵉ Série. — *Connaissant la formule CO^2 du gaz carbonique, retrouver sa densité, sa composition en poids et sa teneur en oxygène.*

Molécule gramme $12 + 16 \times 2 = 44^g$. Densité $\dfrac{44}{28,8} = 1,5$ environ.

Sur 100 de CO^2 il y a $\dfrac{12 \times 100}{44} = 27,3$ de C et $\dfrac{32 \times 100}{44} = 72,7$ de O.

5ᵉ Série. — I. *Pour quelle raison un siphon d'eau de Seltz peut-il ne pas bien fonctionner?*

Pression insuffisante du gaz CO^2 (souvent sursaturation).

II. *Comment se fait-il que souvent il se remette à marcher après l'avoir agité vigoureusement?*

Par agitation, la sursaturation cesse.

III. *Comment expliquez-vous la formation de bulles de gaz abondantes quand on trempe un biscuit dans du champagne ou de la limonade?*

La sursaturation cesse par introduction d'un corps poreux.

6ᵉ Série. — *Les cylindres dont nous avons parlé portent générale-*

ment l'indication « acide carbonique liquéfié ». Ce mot est-il bien choisi? (Formule du gaz : CO^2).

Non : CO^2 est un anhydride et non un acide (CO^3H^2).

7ᵉ Série. — L'eau de mer contient divers carbonates dissous qui équivaudraient à $0^{gr}2$ de bicarbonate de potassium CO^3KH par litre. Si la mer était uniformément répartie sur toute la terre, elle aurait une profondeur d'environ 3 kilomètres. Quel poids de bicarbonate de potassium cela ferait-il? A quel poids de CO^2 et de carbone cela correspondrait-il?

Le volume d'eau de mer est de $3 \times \frac{1}{4}\pi R^2 = \frac{3(2\pi R)^2}{\pi} = 1530 \times 10^6$ km³.

Il y a 2×10^6 tonnes de bicarbonate par km³. En tout 306 millions de millions de tonnes.

A $CO^3KH = 100$ correspondent $CO^2 = 44$ et $C = 12$.

D'où en tout 134 millions de millions de tonnes de CO^2 et 36 ½ millions de millions de tonnes de C.

8ᵉ Série. — I. Les Allemands appellent CO et CO^2 oxyde de carbone et dioxyde de carbone. Que pensez-vous de ces dénominations? A quoi font-elles allusion? Et les nôtres?

Ces dénominations, exactes, font allusion à la proportion d'oxygène. — Les nôtres sont relatives aux propriétés des dissolutions.

II. Comment peut-on différencier l'oxyde de carbone et l'azote?

CO seul brûle à l'air.

III. Comment peut-on différencier l'oxyde de carbone et l'anhydride carbonique?

CO seul brûle. — CO^2 seul trouble l'eau de chaux.

IV. Problème industriel important. Dans un four à fondre l'acier il faut une température de 1700°. Si nous réalisons dans ce four, par la combustion d'un mélange gazeux, une température de 2000°, la quantité de chaleur utilisée résultera d'une chute de température de $2000 - 1700 = 300°$.

Si avant de le faire brûler, on porte le mélange à 500°, la température de combustion est d'environ 2300° et la chaleur utilisée résultera d'une chute de température de $2300 - 1700 = 600°$.

Quelle sera l'économie de combustible réalisée?

De moitié.

SILICE

1ʳᵉ Série. — I. La tige du blé contient environ 70 0/0 de silice qui augmente sa rigidité et lui permet de supporter l'épi relativement lourd. Pourquoi les chaumes abîment-ils facilement les souliers?

Par suite de leur rigidité et de leur dureté.

II. *Les prêles, certains roseaux, contiennent de la silice. Pourquoi certains roseaux coupent-ils les mains quand on essaie de les arracher? Pourquoi emploie-t-on les prêles pour nettoyer les casseroles en cuivre?*

Ils agissent comme des scies. — La silice use le métal.

III. *Certains infusoires (diatomées) ont une carapace de silice. Le **tripoli** provient des restes de ces infusoires. Expliquer l'emploi du tripoli?*

Il use le métal.

2e Série. — *Quand un sable contient du calcaire, comment ferez-vous pour en retirer la silice?*

Traiter par **HCl**; il ne reste que SiO^2.

DEUXIÈME ANNÉE

NOMENCLATURE CHIMIQUE

1ᵉ Série. — *Le pétrole, en brûlant, donne de l'eau. Il ne conduit pas le courant électrique, n'agit pas sur les réactifs colorés, ne donne pas de* **H** *sous l'action du zinc.*
Le pétrole contient-il de l'hydrogène?
Est-ce un acide?

Ce n'est pas un acide, bien qu'il contienne $H(H^2O)$.

2 Série. — *I. Le mot hydracide ne serait-il pas applicable aux oxacides? Pourquoi?*

Si : tous les acides contiennent **H**.

II. Un corps s'appelle acide iodhydrique, acide bromhydrique. Déduire du nom la nature des éléments qui le constituent. En se servant de la valence (9), quelles sont les formules probables de ces corps?

Acide, donc **H**; hydrique, donc probablement composé binaire non oxygéné; iod, brom, donc le métalloïde est **I** et **Br**, corps monovalents, d'où **HI, HBr**.

3 Série. — *I. Un corps s'appelle acide iodique. Déduire du nom la nature des éléments qui le constituent.*

Acide, donc **H**; ique, donc **O**; et probablement composé ternaire; iode, donc **I**. Par suite **IOH**, sans les exposants.

II. Deux corps s'appellent l'un acide sulfureux, l'autre acide sulfurique. Quels sont les éléments qui les constituent? En quoi ces acides diffèrent-ils?

Acide, donc **H**; eux et ique, donc **O**, et probablement composé ternaire; sulfur, donc **S**. L'acide sulfurique est plus oxygéné que l'acide sulfureux.

4ᵉ Série. — *On est conduit à mettre en évidence, dans la formule de l'alcool, le groupement* **OH** *et sous l'action du sodium il se dégage de l'hydrogène. Or, il ne conduit pas le courant, et n'agit ni sur les réactifs colorés, ni sur les bases. Est-ce une base? Est-ce un acide?*

Ce n'est ni un acide, ni une base.

5ᵉ Série. — I. *Trouver les noms des sels de sodium correspondant aux acides nommés dans la 2ᵉ et la 3ᵉ série.*

Iodure, bromure, iodate, sulfite et sulfate de sodium.

II. *Des corps s'appellent chlorure de plomb, bromure de potassium, hyposulfite de sodium, carbonate de potassium. Déduire de ces noms leur constitution.*

Terminaisons ure, donc sels des *hydracides* HCl et HBr ; donc chlore et plomb ($PbCl^2$), brome et potassium (KBr).

Terminaisons ite et ate, donc sels des *oxacides* ($S, O. H$) et (C, O, H); d'où la constitution ($S.O.Na$) et ($C.O.Na$).

6ᵉ Série. — I. *Le fer est tantôt bivalent, tantôt trivalent. Trouver, dans ces deux cas, les formules des sels de fer des acides chlorhydrique, azotique, sulfurique.*

Si Fe bivalent ou trivalent, un atome remplace respectivement $2H$ ou $3H$ dans l'acide.

On a donc les formules $FeCl^2$, $FeCl^3$; $(AzO^3)^2Fe$, $(AzO^3)^3Fe$; SO^4Fe, $(SO^4)^3Fe^2$.

II. *Des sels ont pour formules SO^4Ca, $(AzO^3)^2Pb$, $ZnCl^2$, SO^4K^2, Hg^2S, $(SO^4)^3Cr^2$. Quels sont leurs noms? Quelle est la valence du métal?*

Les acides correspondants sont SO^4H^2 acide sulfurique, AzO^3H acide azotique, HCl acide chlorhydrique.

Donc sulfate de calcium et Ca bivalent; azotate de plomb et Pb bivalent; chlorure de zinc et Zn bivalent; sulfate de potassium et K monovalent; sulfure de mercure et Hg monovalent; sulfate de chrome et Cr trivalent.

III. **Problème général.** — *On donne un acide AH^b de basicité b, et un métal M de valence v. Quelle est la formule du sel neutre correspondant?*

A la formule A^xM^y du sel correspondrait A^xH^{bx}, soit x molécules d'acide.

Or M^y représentent $v.y$ valences; et H^{bx}, $b.x$ valences.

On doit avoir $v.y = bx$. On prendra $v.y = b.x = m$, m étant le p.p.m.c. entre v et b; d'où $A^{\frac{m}{b}} M^{\frac{m}{v}}$.

7ᵉ Série. — *L'acide phosphorique a pour formule PO^4H^3 et les $3H$ sont remplaçables par des métaux. Combien y a-t-il de phosphates de sodium, et quelles sont leurs formules? Quelle est la formule du phosphate neutre de calcium?*

Trois : PO^4H^2Na, PO^4HNa^2, PO^4Na^3 phosphate neutre — $(PO^4)^2Ca^3$.

8ᵉ Série. — I. *Nommer les combinaisons : 1° de Pb et Sn; 2° de C et de Fe; 3° de P et H.*

1° Alliage de Pb et d'Sn; 2° carbure de fer; 3° phosphure d'hydrogène.

II. *Des corps ont pour formule* Fe^3C. CH^4, CS^2. *Comment les nommez-vous?*

Carbure de fer; carbure d'hydrogène; sulfure de carbone.

9 Série. — *L'acide azoteux a pour formule* AzO^2H. *Quelle est la formule de l'anhydride azoteux?*

Il faut enlever H^2O; donc $2AzO^2H - H^2O = Az^2O^3$.

II. *Quelle est la formule de l'anhydride phosphorique, l'acide phosphorique étant* PO^4H^3?

Les 3H sont acides. Il faut donc enlever *trois* H^2O; d'où *six* H. Donc $2PO^4H^3 - 3H^2O = P^2O^5$.

III. *L'anhydride arsénieux a pour formule* As^2O^3 (*poison violent, poudre blanche*). *Quelle est la formule de l'arsénite neutre de sodium sachant qu'une molécule d'anhydride se combinerait à 3 molécules d'eau?*

La formule de l'acide arsénieux est $As^2O^3 + 3H^2O = As^2O^6H^6 = 2AsO^3H^3$. L'arsénite de sodium est donc AsO^3Na^3.

GÉNÉRALITÉS SUR LES MÉTAUX

I. *Montrer que la malléabilité, la ductilité, la fusibilité sont plutôt relatives à la confection des objets métalliques; que les autres propriétés sont plutôt en rapport avec les services qu'on demande à ces objets.*

En effet, on confectionne les objets surtout en coulant dans des moules (fonte, plomb, étain) ou en martelant (cuivre), ou en laminant (rails, plaques, fils) le métal.

Quand on veut des tuyaux ou des fils très souples, on les fait en plomb. Pour des poutres résistantes et élastiques, on utilise le fer. Pour des outils tranchants, on utilise l'acier.

II. *Dans l'air liquide un ressort à boudin en plomb peut rivaliser avec un ressort ordinaire en acier; une sonnette en plomb devient sonore. Qu'en conclure?*

Les propriétés varient avec la température.

ACTION DE L'AIR SUR LES MÉTAUX

I. *Trouver les formules des oxydes et des hydrates de sodium, calcium, zinc, aluminium.*

Na^2O, CaO, ZnO, Al^2O^3. — $Na(OH)$, $Ca(OH)^2$, $Zn(OH)^2$, $Al(OH)^3$.

II. *Comparer une bicyclette un jour de beau temps et un jour de pluie, surtout si on attend le lendemain pour la nettoyer.*

On voit de la rouille un peu partout.

III. *Pourquoi faut-il conserver le potassium et le sodium, soit dans des boîtes en fer-blanc bien remplies et soudées, soit dans le pétrole?*

Pour éviter le contact de substances (en particulier O, H^2O) sur lesquelles **K** et **Na** réagissent.

IV. *Pourquoi, dans la fabrication des alliages par fusion, recouvre-t-on souvent les métaux d'une couche de charbon?*

Pour éviter l'oxydation par l'air.

V. *Comment obtiendriez-vous l'argent contenu dans du plomb argentifère riche en argent? (Se baser sur l'action de l'oxygène.)*

Oxyder l'alliage fondu dans un courant d'air. **Pb** s'oxyde et non **Ag**.

ACTION DES ACIDES SUR LES MÉTAUX

I. *On a oublié d'étiqueter trois flacons contenant de l'acide chlorhydrique, de l'acide azotique, de l'acide sulfurique ordinaires. Comment les reconnaîtriez-vous?*

HCl donne $H^{\nearrow}$ avec le zinc. — **AzO³H** donne des vapeurs rutilantes avec **Cu**. — **SO⁴H²** donne à chaud **SO²** avec **Cu**; avec **Fe** à froid il donne **H** s'il est étendu.

II. *Pouvez-vous pour cela utiliser un seul métal; lequel; et comment feriez-vous?*

Avec **Cu**, **HCl** ne donne pas de gaz; **AzO³H** donne à froid des vapeurs rutilantes; **SO⁴H²** donne à chaud du **SO²**.

III. *On voudrait séparer l'or d'un mélange d'or et d'argent. Comment pourrait-on faire?*

Traiter par **AzO³H** qui dissout **Ag** seul.

IV. *On met un fragment de pièce de 0ᶠ,50 dans de l'acide azotique. Disparaîtra-t-il? Quelle sera la couleur de la solution? Que contiendra-t-elle?*

Oui. — Bleue. — **AzO³Ag** et **(AzO³)²Cu**.

SODIUM ET SES COMPOSÉS

1ʳᵉ Série. — I. *Quelle est la teneur pour 100 en azote de l'azotate de sodium?*
· *Poids atomiques :* **Az = 14, O = 16, Na = 23.**

$$AzO^3Na = 14 + 16 \times 3 + 23 = 85 \qquad \frac{14 \times 100}{85} = 16,47 \ \%\text{ d'}\textbf{Az}.$$

II. *Un azotate de sodium contient 15 % d'azote. Est-il pur? Quelle est la proportion des impuretés?*

Non. — $\dfrac{(16,47 - 15)\,100}{16,47}$, environ $\dfrac{150}{16,5} = 9\%$.

III. *Dans le nitrate utilisé comme engrais, l'azote est le seul élément utile. Du nitrate de sodium à 15 % coûtant 21 francs les 100 kilogrammes, quelle est la valeur du kilogramme d'azote?*

$\dfrac{21}{15} = 1^f,40.$

IV. *Quel poids d'azotate de sodium faudrait-il décomposer pour obtenir une molécule-gramme d'acide azotique?*

À $AzO^3Na = 85^g$ correspond AzO^3H.

V. *Pourquoi imprègne-t-on d'azotate de plomb l'amadou et les mèches de briquet?*

L'azotate est un oxydant; il favorise la combustion.

2e Série. — I. *Comparer la molécule-gramme du carbonate de sodium anhydre et celle du carbonate cristallisé. Conséquence au point de vue du transport.*

$CO^3Na^2 = 12 + 16 \times 3 + 23 \times 2 = 106$ est moins lourd à transporter que $CO^3Na^2.10H^2O = 106 + 18 \times 10 = 286$.

II. *Y a-t-il inconvénient à acheter des cristaux de soude effleuris et par suite blancs?*

Non : ils n'ont perdu que de l'eau.

III. *On met dans l'eau 50 grammes de cette poudre blanche. Une fois dissoute on évapore de manière à obtenir des cristaux de soude. Quel sera le poids de ces cristaux?*

À $CO^3Na^2.H^2O = 106 + 18 = 124$ correspond $CO^3Na^2,10H^2O = 286$.
À 50^g correspondent $\dfrac{286 \times 50}{124} = 115^g$.

IV. *En partant des produits primitifs naturels, comparer les procédés Leblanc et Solvay.*

Dans les deux cas on part de $NaCl$ et on utilise CO^3Ca. Dans le procédé Leblanc on emploie de plus SO^4H^2 et C; dans le procédé Solvay, on emploie AzH^3 et on décompose CO^3Ca.

3e Série. — *Pourquoi ne prend-on pas de la soude du commerce pour préparer le gaz carbonique?*

CO^3Ca coûte moins cher et entre dans sa fabrication.

4e Série. — I. *Qu'arriverait-il si on évaporait lentement à l'air une solution de soude caustique?*

Avec CO^2 elle donnerait du carbonate.

II. *On expose à l'air humide un morceau de sodium fraîchement coupé. Indiquer toutes les modifications chimiques qui vont se produire.*

Avec H_2O on a **NaOH** qui par CO_2 se transforme en CO_3Na_2.

III. *On traite par la chaux 2000 kilogrammes de carbonate de sodium. Quel est le poids théorique de soude caustique qu'on puisse obtenir?*

A CO_3Na_2 anhydre soit 106, correspond 2 **NaOH** soit $2(23 + 16 + 1) = 80$.

A 2000^{kg} correspondent $\dfrac{80 \times 2000}{106} = 1500^{kg}$ de soude.

Si le carbonate est cristallisé. $CO_3Na_2, 10H_2O = 286$ ou aurait $\dfrac{80 \times 2000}{286} = 750^{kg}$ de soude.

5e Série. — I. *Faire une dissolution de bicarbonate . 1° dans l'eau froide; 2° dans l'eau chaude. N'y a-t-il pas effervescence dans un cas? La saveur des dissolutions refroidies est-elle la même? — Pourquoi?*

Il y a effervescence dans l'eau chaude et le liquide a une saveur alcaline. — CO_3NaH a donné $CO_2 \nearrow$ et CO_3Na_2 dissous.

II. *Si une dissolution de bicarbonate rougit quand on ajoute de la phtaléine, que faut-il en conclure?*

Elle contient probablement du carbonate neutre.

III. *Dans la dissolution précédente on verse de l'eau de Seltz, ou on fait passer un courant de gaz carbonique. La phtaléine se décolore. Comment expliquer ce phénomène?*

Le carbonate neutre se transforme en bicarbonate.

IV. *Comment procéder pour obtenir une dissolution qui ne contienne que du bicarbonate de sodium?*

Faire passer un *excès* de CO_2 dans le carbonate neutre dissous.

V. *Lequel serait le plus avantageux, pour obtenir du gaz carbonique, du bicarbonate de sodium ou des cristaux de soude?*

CO_3NaH et $CO_3Na_2, 10H_2O$ donnent la même quantité de CO_2. Il faut donc préférer le bicarbonate.

VI. *Comment se fait-il qu'un courant de CO_2 dans une dissolution de soude caustique donne un précipité de bicarbonate? (Solubilité. — Action de CO_2 sur CO_3Na_2.)*

On obtient d'abord CO_3Na_2 sur lequel agit CO_2, d'où CO_3NaH qui précipite à cause de sa faible solubilité.

VII. *Que faudrait-il faire pour fabriquer du carbonate de sodium en électrolysant du **NaCl** dissous?*

Utiliser le dispositif de la figure 6 (page 42) et faire arriver CO_2 dans le liquide de droite.

VIII. *Dans une usine Solvay, il entre donc du chlorure de sodium et du carbonate de calcium. Il en sort du chlorure de calcium et du carbonate de sodium. Montrer que la fabrication peut se résumer par l'équation*

$$CO^3Ca + 2\,NaCl = CO^3Na^2 + CaCl^2.$$

Ajouter membre à membre les 4 équations de la page 47 (après avoir multiplié par 2 les deux membres des trois premières), et les équations

$$2\,(AzH^4)Cl + CaO = CaCl^2 + 2\,AzH^3 + H^2O$$

$$CO^3Ca = CaO + CO^2.$$

POTASSIUM ET SES COMPOSÉS

1re Série. — I. *Une molécule-gramme de chlorure de potassium* **KCl** *donnerait, par sa décomposition, 39 grammes de potassium. Quel poids d'oxyde de potassium* **K²O** *ce potassium donnerait-il?*

À **K** correspond $\dfrac{1}{2}$ **K²O** $= \dfrac{1}{2}(39 \times 2 + 16) = 47^{g}.$

II. *Quel poids* p *de* **K²O** *obtiendrait-on en partant de 100 parties de chlorure de potassium?*

C'est ce qu'on exprime en disant, en agriculture, que le chlorure de potassium dose p *pour 100 de potasse* (**116**, *Remarque*).

À **KCl** $= 39 + 35.5 = 74,5$ correspond $\dfrac{1}{2}$ **K²O** $= 47.$

Donc $p = \dfrac{47 \times 100}{74,5} = 63.$

III. *Le chlorure de potassium de Stassfurt dose environ 50 %, de potasse. Est-il pur?*

Non ; il faudrait 63 pour 100 de potasse.

IV. *La valeur commerciale moyenne du kilogramme de potasse* **K²O** *est 0f,40. A combien revient le quintal de chlorure de potassium?*

Le quintal de chlorure de Stassfurt contient 50kg de potasse valant $0,4 \times 50 = 20^f.$

2e Série. — I. *Combien faut-il de chlorure de potassium pour transformer totalement en azotate de potassium une molécule d'azotate de sodium?*

Une molécule **KCl** $= 74,5$ est nécessaire.

II. *Montrer qu'à poids égaux l'azotate de potassium et l'azotate de sodium ne donnent pas le même poids d'acide azotique.*

À **AzO³K** $= (14 + 16 \times 3 + 39) = 101$ et à **AzO³Na** $= 85$ correspond une molécule **AzO³H**. **AzO³K** donne donc moins d'**AzO³H**.

III. *L'azotate de potassium doit-il coûter plus cher que l'azotate de sodium?*

Oui : on le *prépare* en partant de AzO^3Na.

IV. *Pour quelles raisons prend-on l'azotate de sodium pour préparer l'acide azotique?*

Pour les *deux* raisons précédentes (II et III).

V. *Comment montreriez-vous la présence d'azotate dans la poudre de chasse noire?* $(AzO^3K + C + S)$.

Jeter la poudre dans l'eau; filtrer; traiter le liquide par SO^4H^2 et Cu d'où teinte *bleue* et vapeurs rutilantes.

3ᵉ Série. — **I.** *Montrer que les préparations de* HCl. H^2S. CO^2 *sont conformes aux lois de Berthollet.*

$$(Na)Cl + SO^4H(H) = (H)Cl \nearrow + SO^4H(Na).$$
$$(Fe)S + (H^2)Cl^2 = (H^2)S \nearrow + (Fe)Cl^2.$$
$$CO^3(Ca) + SO^4(H^2) = CO^3(H^2) + SO^4(Ca)$$

mais aussitôt $CO^3H^2 = CO^2 \nearrow + H^2O$.

Nous avons mis les cations entre parenthèses.
Les réactions sont complètes car HCl. H^2S. CO^2 sont *gazeux*.

II. *Les corps suivants* SO^4Fe. KOH. SO^4K^2. $(AzO^3)^2Ba$. SO^4Zn. $BaCl^2$. SO^4H^2. $(AzO^3)^2Zn$. HCl. *sont solubles dans l'eau. Au contraire,* $Fe(OH)^2$. SO^4Ba, *sont insolubles.*
Quelles sont les réactions possibles quand on met en présence : 1° SO^4K^2 *et* $(AzO^3)^2Ba$; 2° SO^4Zn *et* $BaCl^2$; 3° SO^4H^2 *et* $BaCl^2$; 4° SO^4Fe *et* KOH. *Ces réactions seront-elles complètes?*

1° $2AzO^3K + SO^4Ba\downarrow$; 2° $ZnCl^2 + SO^4Ba\downarrow$: 3° $2HCl + SO^4Ba\downarrow$; 4° $SO^4K^2 + Fe(OH)^2\downarrow$. — Oui, car l'un des corps nouveaux est *insoluble*.

III. *Les chlorures de plomb, d'argent, mercureux* $(HgCl)$ *ou calomel, sont insolubles dans l'eau. Que se produira-t-il quand on versera de l'acide chlorhydrique dans une dissolution d'un sel de l'un des métaux cités? Du fait que les sels mercuriques* $(Hg$ *bivalent) ne donnent pas de précipité, que peut-on en conclure?*

On aura un *précipité* du chlorure correspondant. — Le chlorure mercurique $HgCl^2$ est *soluble* dans l'eau.

IV. *On chauffe assez fortement un mélange de sulfate mercurique* SO^4Hg *et de chlorure de sodium. Quelle est la réaction possible? Dans les conditions d'expérience, le chlorure mercurique ou sublimé corrosif est seul volatil; la réaction se produira-t-elle?*

$SO^4Hg + 2NaCl = SO^4Na^2 + HgCl^2 \nearrow$. — Oui; elle sera complète.

4ᵉ Série. — I. *Le sulfate de potassium dose 48 % en moyenne de potasse* K^2O) *valant 0ᶠ.55 le kilogramme.*

A combien revient le quintal de sulfate?

$0.55 \times 48 = 26^f,40$. — Au sulfate *pur* $SO^4K^2 = 174$ correspond $K^2O = 94$ c'est-à-dire 54 %.

II. *On fait bouillir des cendres de bois avec de l'eau; on décante. On verse* HCl *dans une partie du liquide; que se produit-il? On évapore le liquide. Obtiendra-t-on un résidu? Par quoi sera-t-il constitué?*

CO^3K^2 se dissout; par HCl on a $CO^2 \nearrow$ et KCl qu'on obtient par évaporation. — En évaporant le liquide primitif on a CO^3K^2.

III. *Comment fait-on souvent la lessive au village?*

Au-dessus du linge on met un drap plein de cendre sur laquelle on verse de l'eau chaude : CO^3K^2 se dissout; la dissolution chaude traverse le linge qu'elle nettoie. On la recueille et on la rejette sur les cendres après l'avoir chauffée.

5ᵉ Série. — **Problème.** — *Pour doser le gaz carbonique contenu dans l'air, voici comment on procède :*

Un tube de verre de $0^m,90$ de long et de $0^m,20$ de diamètre contient de la pierre ponce imbibée d'une solution de potasse (exempte de carbonate). Les deux extrémités du tube sont terminées en pointe et fermées au chalumeau.

Arrivé au lieu où l'on veut faire l'analyse, on ouvre les extrémités des deux pointes et l'on fait passer dans le tube 300 litres de l'air à étudier, puis on ferme les deux pointes au chalumeau.

1° Pourquoi CO^2 est-il resté dans le tube? A quel état s'y trouve-t-il?

2° Une fois rentré au laboratoire, on traite le contenu du tube par SO^4H^2. Que se produit-il? Doit-on recueillir le gaz qui se produit?

3° Comment déduire de cette expérience la quantité de gaz carbonique contenu dans l'air étudié?

4° Étant donné ce qu'on sait de la composition de l'air et des propriétés de KOH et de CO^3K^2, dire pourquoi on n'a pas déterminé le poids de CO^2 par pesée du tube avant et après le passage de l'air.

KOH arrête CO^2 sous forme de CO^3K^2 que décompose SO^4H^2 en redonnant CO^2 que l'on recueille. Ce volume v de CO^2 se trouvait dans 300^l d'air.

L'eau de l'air est arrêtée dans le tube. L'augmentation de poids ne serait pas due à CO^2 seul.

CALCAIRES, CHAUX

1ʳᵉ Série. — I. *Qu'obtient-on en traitant par l'acide azotique du carbonate de baryum? Formule du corps?*

$CO^3Ba + 2AzO^3H = CO^2 + H^2O + (AzO^3)^2Ba$, azotate de baryum.

II. *On verse une dissolution d'azotate de baryum dans une disso-*

lution de carbonate alcalin. En appliquant les lois de Berthollet, quelle est la réaction possible; sera-t-elle complète? — Si l'on obtient un précipité, qu'arrivera-t-il quand on le mettra en présence d'acide chlorhydrique?

C'est là un procédé utilisé pour reconnaître un carbonate dissous.

Il se formerait CO_3Ba + *azotate alcalin.* — Oui, car CO_3Ba est insoluble. — Traité par HCl il donne $CO_2 \nearrow$ (effervescence) et $BaCl_2$ *dissous.*

III. *Dosage du calcaire d'une terre. On traite 1 gramme de terre par l'acide chlorhydrique étendu, et l'on obtient 40 centimètres cubes de gaz. Quelle est la proportion pour cent de calcaire dans la terre étudiée?* $C = 12$ $O = 16$ $Ca = 40$.

$CO_3Ca = 12 + 16 \times 3 + 40 = 100^g$ donne CO_2, soit $22^l,3$ ($0^l,1^{gr}$). 100^g de terre donneraient 4^l de CO_2, ce qui correspond à $\dfrac{100 \times 4}{22,3} = 18\ \%$ de calcaire.

IV. *Le chlorure de calcium est très soluble dans l'eau. Il cristallise difficilement. Ses cristaux donnent bientôt une solution même dans des flacons à peu près bouchés. Que faut-il en conclure? Ce desséchant est-il moins dangereux à manier que l'acide sulfurique? Pourquoi?*

C'est un corps déliquescent, très hygroscopique. — Oui, car il est *neutre.*

2e Série. — *Quelle impureté principale renferme une chaux qui n'est pas assez cuite? Que se produira-t-il quand on la mettra: 1° dans l'eau; 2° dans l'acide chlorhydrique?*

CO_3Ca. — 1° Elle s'éteint. — 2° Elle se dissout avec *effervescence.*

II. *Par analogie avec ce qui s'est produit avec la soude (94), deviner ce qui se produira quand on versera de l'eau de chaux dans du sulfate de cuivre dissous.*

$Ca(OH)_2 + SO_4Cu = SO_4Ca (\downarrow$ en partie$) + Cu(OH)_2\downarrow$.

III. *On abandonne de la chaux vive à l'air. Quels sont les phénomènes qui se produiront?*

CaO absorbe H_2O d'où $Ca(OH)_2$ qui, avec CO_2, donne CO_3Ca.

IV. *Et si on expose des sacs de chaux à la pluie?*

La réaction précédente est plus rapide. Il se forme de plus de l'eau de chaux.

V. *En calcinant du marbre il y a diminution de volume. Peut-on dire que la chaux est plus dense que le marbre? — Quelle devrait être la diminution de volume pour que la densité soit la même? — Qu'en conclure relativement à la densité de la chaux par rapport à celle du marbre?*

Non, car CO_2 est parti. — $CO_3Ca = 100^g$ occupant un volume V^{cm3}, sa densité est $\frac{100}{V}$. Il lui correspond $CaO = 56^g$ occupant un volume v. Il faudrait donc $\frac{100}{V} = \frac{56}{v}$ d'où $v = 0,56\,V$: d'où une diminution de près de la moitié. — Ce n'est pas, donc la densité de CaO est moindre que celle du marbre.

VI. Combien 1 kilogramme de chaux vive exige-t-il d'eau pour se transformer en $Ca(OH)^2$? — Pratiquement on compte que le mètre cube de chaux vive pèse 830 kilogrammes et pèse après extinction 1830 kilogrammes. L'eau employée est-elle entrée tout entière en réaction?

$CaO = 56^g$ exige $H^2O = 18^g$: 1^k exigerait $\frac{18}{56} = 0^k,321$ d'eau ; et 830^{kg} exigeraient 267^{kg} d'eau, d'où $830 + 267 = 1097^{kg}$ de chaux éteinte. Il y a donc $1830 - 1097 = 733^{kg}$ d'eau non combinée.

3e Série. — Comment se fait-il qu'il y ait des fours à chaux dans les usines où l'on fabrique la soude à l'ammoniaque (101)?
Ces fours doivent-ils être ouverts à l'air libre? Pourquoi?

On a besoin de CaO et de CO^2 : donc les fours doivent être fermés.

4e Série. — I. Comment expliquez-vous que l'on puisse trouver encore de la chaux éteinte dans des murs anciens et épais?

CO^2 n'est pas arrivé au contact du mortier.

II. Que se produirait-il en mettant dans l'acide chlorhydrique : 1° du mortier qu'on vient de fabriquer ; 2° du mortier d'une vieille muraille? Cela confirmerait-il la théorie donnée pour la solidification des mortiers?

Il y aurait dissolution : 1° sans grande effervescence ; 2° avec vive effervescence (CO^3Ca). — Oui.

III. Pourriez-vous utiliser un brasero allumé pour hâter la solidification des mortiers d'une chambre?

Oui : CO^2 formé hâte la transformation en CO^3Ca et la chaleur active l'évaporation de H^2O formée.

SULFATE DE CALCIUM, PLATRE

1re Série. — I. Le carbonate de calcium est insoluble dans l'eau. Que se produira-t-il quand on versera du carbonate de sodium dissous dans de l'eau séléniteuse?

$CO^3Na^2 + SO^4Ca = SO^4Na^2 + CO^3Ca\downarrow$ qui précipite.

II. Le sulfate de baryum est insoluble dans l'eau. Que se produira-t-il quand on versera de l'eau de baryte (1000g d'eau dissolvent

30^g *de baryte* $Ba(OH)^2$) *ou du chlorure de baryum dans une eau sélé-niteuse?*

On aura un *précipité* de sulfate de baryum, *blanc*.

2e Série. — I. *On mêt du plâtre dans l'eau. Que se produira-t-il? Quel sera le résultat final? Influence de la proportion d'eau?*

Il se transforme en gypse, partiellement s'il n'y a pas assez d'eau, totalement s'il y en a suffisamment. S'il y a trop d'eau on obtiendra une bouillie plus ou moins épaisse de gypse.

II. *D'où vient l'expression « essuyer les plâtres »?*

Après la prise, le plâtre contient un excès d'eau qui doit s'évaporer.

III. *Le plâtre qui ne fait plus prise est dit éventé. Comment se fait-il que le plâtre laissé à l'air s'évente?*

En absorbant graduellement l'humidité de l'air.

IV. *Pourquoi les fours à plâtre doivent-ils être munis d'un toit?*

Pour éviter la pluie qui détruirait l'effet de la cuisson.

V. *Peut-on utiliser le plâtre dans les constructions exposées à la pluie? Pourquoi?*

Non : le gypse se dissout dans l'eau.

3e Série — I. *Le gypse peut-il faire prise avec l'eau?*

Non.

II. *Dans un four à plâtre ordinaire, la partie inférieure est portée à une haute température, et la partie supérieure n'est pas suffisamment chauffée. La masse chauffée est-elle homogène? Quels sont probablement les corps qui la constituent? Pourquoi, quand la cuisson sera terminée, aura-t-on soin de pulvériser le tout et de rendre le mélange aussi homogène que possible?*

Non : la partie inférieure trop cuite fait difficilement prise ; la partie moyenne est du bon plâtre ; la partie supérieure contient beaucoup de gypse. En pulvérisant le tout et mélangeant, on obtient un corps de propriétés à peu près convenables et uniformes.

III. *Comparer la pierre à chaux et la pierre à plâtre (solubilité dans l'eau, constitution, action des acides, action de la chaleur).*

Pierre à chaux : solide, insoluble dans l'eau, formé de CO^3Ca, faisant

effervescence avec les acides, décomposé par la chaleur en $CaO + CO^2$.

Pierre à plâtre : solide, un peu soluble dans l'eau, formé de $SO^4Ca, 2H^2O$, ne faisant pas effervescence avec les acides, perdant de l'eau par la chaleur.

IV. *Comparer la chaux vive et le plâtre (aspect; action de l'eau et des acides; constitution).*

Même aspect (toutefois le plâtre est pulvérisé). — Se combinent à l'eau (grand dégagement de chaleur avec **CaO**); seul le plâtre redonne alors le corps primitif, le gypse. — **CaO** seule se dissout dans **HCl**. —

$$CaO : SO^4Ca. \frac{1}{2} H^2O.$$

VERRE

1re Série. — I. *Les substances qui colorent le verre disparaissent généralement par oxydation. Comment se fait-il que l'on ajoute souvent de l'azotate de potassium, ou du bioxyde de manganèse aux corps qui donneront le verre?*

Ce sont des oxydants.

II. *Pourquoi le bioxyde de manganèse est-il appelé « savon des verriers? »*

Il nettoie (décolore) le verre.

2e Série. — I. *En faisant bouillir longtemps avec de l'eau de petits fragments de verre, ou mieux du verre pilé, la phtaléine se colore en violet. Que faut-il en conclure?*

Le verre se dissout et la solution est alcaline.

II. *Vous voudriez faire apparaître un dessin en relief sur un objet en verre, comment procéderiez-vous?*

Le dessin seul serait vernissé et l'objet serait plongé dans **HF**.

3e Série. — *Quand on utilise le sulfate de sodium pour la verrerie, on le choisit exempt de fer. Pourquoi, dans la fabrication de ce sulfate, emploie-t-on des cuvettes en plomb, et pourquoi rejette-t-on le sel gemme souillé par de l'oxyde de fer?*

SO⁴Na² obtenu contiendrait des composés de **Fe**.

FONTE, ACIER, FER

1re Série. — *Le fer s'oxyde et donne de l'oxyde. Qu'arrive-t-il quand on soude deux barres de fer? — Cet oxyde empêche les barres de se souder. Comment pourra-t-on l'enlever, sachant que le silicate de fer est relativement fusible? — Qu'arrivera-t-il quand on martèlera l'endroit soudé, encore rouge?*

Il se produit de l'oxyde de fer. — On saupoudre la soudure de silice. — En martelant, le silicate formé (oxyde de fer et silice) jaillit de tous côtés et les surfaces à souder sont propres.

2e Série. — *Qu'arriverait-il si l'on repassait une bédane sur une meule sans eau? Quel est alors le rôle de l'eau?*

L'acier s'échaufferait et se détremperait. — L'eau empêche la température de trop s'élever.

3e Série. — I. *Dans la région de l'Est (Longwy), les minerais sont à la fois siliceux et calcaires. Comment se fait-il qu'on n'ajoute pas toujours de castine ?*

Il y a de quoi former du silicate double de **Al** et **Ca**.

II. *A Longwy, on compte qu'il faut 3300 kilogrammes de minerai pour avoir une tonne de fonte. Quelle est la richesse du minerai : 1° en fer; 2° en oxyde* Fe^2O^3 ?

En négligeant **C**, le minerai contient 30 % de fer. Or à $Fe^2 = 112$ correspond $Fe^2O^3 = 160$. Le minerai contient donc $\dfrac{160 \times 30}{112} = 43$ % d'oxyde.

4e Série. — **Problème**. — *Aux aciéries de Longwy, on compte qu'un fourneau de 100 tonnes de production par 24 heures donne 470 000 m^3 de gaz au gueulard.*

Moitié de ce gaz environ assure le chauffage du vent destiné aux tuyères. Le reste est utilisé, partie pour assurer la marche de la soufflerie, partie pour produire soit de la vapeur, soit de l'énergie électrique servant aux besoins de l'aciérie.

Si les 235 000 m^3 de gaz disponible étaient utilisés dans des moteurs à explosion, de combien de chevaux disposerait-on par heure, sachant que le cheval exige 2 m^3,7 de gaz ? Montrer que 3300 chevaux restent disponibles, si la soufflerie exige 330 chevaux.

On dispose de $\dfrac{235\,000}{24}$ m^3 de gaz par heure, ce qui correspond à

$$\frac{235\,000}{24 \times 2{,}7} = 3630 \text{ chevaux, environ.}$$

5e Série. — I. *Que reste-t-il quand on a brûlé de la houille ? — Entre ces cendres et les produits métallurgiques, il se ferait des réactions (notamment* **S**) *et on obtiendrait des produits inutilisables. Peut-on alors chauffer un mélange de coke et de fonte dans le procédé Martin ?*

Des cendres. — Non, puisque toutes les substances fixes de la houille restent dans le coke.

II. *Il est difficile de brûler complètement un combustible solide même avec un grand excès d'air. Au contraire, la combustion complète d'un gaz est facile avec la quantité d'air juste suffisante. Qu'en résulte-t-il au point de vue de l'emploi des combustibles gazeux ?*

Rendement bien supérieur.

III. *Il n'y a jamais contact intime entre deux solides. Et entre un solide et un gaz ? Quel est alors un autre avantage d'un combustible gazeux ?*

Le gaz enveloppe et pénètre le solide, les substances s'échauffent mieux et **O** gazeux réagit mieux.

IV. Les récupérateurs auraient-ils le même avantage avec les combustibles solides et avec les combustibles gazeux?

Non : le chauffage des solides présente de grandes difficultés.

V. De tout ce qui précède, conclure que l'emploi d'un combustible gazeux constitue un grand progrès, malgré la perte qu'exige la fabrication de ce combustible.

On évite les cendres; la combustion est totale et se règle à volonté; le chauffage et les oxydations sont faciles.

VI. On conçoit qu'il est plus facile de faire un objet en fonte moulée qu'en fer forgé. Quels sont les inconvénients que présenterait cet objet au point de vue de la solidité?

Quelle transformation se produira en chauffant fortement, pendant une quinzaine de jours, l'objet en fonte avec de l'oxyde de fer? En déduire un procédé pour préparer des objets assez compliqués, pas trop coûteux et solides.

Fragile. — C s'oxyde et la fonte s'acière. — On *coule* l'objet en fonte et on le décarbure superficiellement par chauffage avec des oxydes.

6ᵉ Série. — *I. Quand on lamine une pièce d'acier portée au rouge pour la transformer en tôle, il se forme des écailles noires qu'un ouvrier balaie de temps en temps. Que s'est-il produit? Pourquoi enlève-t-on ces écailles?*

Fe^3O^4. — Elles s'incrusteraient ou feraient des cavités dans l'acier rouge.

II. Comment se fait-il qu'on ne puisse souder sans précaution deux pièces de fer? Quel est le corps qui empêche l'adhérence? — Sachant que le silicate de fer est relativement fusible, comment expliquez-vous que le forgeron saupoudre de sable les parties à souder?

Fe^3O^4 produit empêche l'adhérence. — Le sable, SiO^2, forme avec Fe^3O^4 du silicate de fer.

III. Une tige de fer a-t-elle le même aspect superficiellement et intérieurement? À quoi cela tient-il, sachant qu'on lui donne sa forme par laminage au rouge? La dureté de la croûte externe et la facilité de se rouiller sont-elles les mêmes, que la pièce ait été ou non limée superficiellement?

Non; il y a une couche noirâtre externe de Fe^3O^4, plus dure, et se rouillant plus difficilement que le fer.

IV. Comment expliquez-vous que, pour décaper la tôle chauffée, on prenne de l'acide sulfurique (acide au $\frac{1}{4}$)?

L'oxyde produit se dissout en donnant SO^4Fe.

CUIVRE

1ʳᵉ Série. — I. *Les composés du cuivre se comportent comme le métal. Que devez-vous penser quand vous voyez la flamme d'un bec de gaz colorée en vert?*

On chauffe des composés du cuivre.

II. *N'y a-t-il pas des objets moulés dont la couleur rappelle celle du cuivre? Ces objets sont-ils réellement en cuivre pur? Pourquoi?*

Oui : ils sont en bronze. Cu pur ne se moule pas.

III. *Le cuivre est-il élastique? — Examiner la constitution des conducteurs électriques appelés « fils souples ». En déduire quelques propriétés physiques du cuivre.*

Les fils souples se composent d'un grand nombre de fils très fins. Donc le cuivre est très ductile, peu élastique, et très bon conducteur de l'électricité.

IV. *Des feuilles ordinaires de cuivre ont pour dimensions $1^m,41 \times 1^m,14$ et une épaisseur de $0^{mm},68$ à $0^{mm},75$. Quel est le poids d'une feuille?*

De $9^{kg},639$ à $10^{kg},609$.

2ᵉ Série. — I. *Le socle des statues présente des traînées tantôt brun-rouille, tantôt verdâtres. Que devez-vous en conclure?*

La statue est soit en fonte, soit en bronze.

II. *Certains édifices ont une toiture verdâtre. De quoi sont-ils recouverts?*

De feuilles de cuivre.

III. *Que peut-on prendre pour nettoyer les cuivres? Expliquez ce qui se produit dans les divers cas. Qu'arrive-t-il peu de temps après le nettoyage?*

On prend une substance qui enlève mécaniquement (tripoli) ou chimiquement (eau de cuivre) l'oxyde formé. — La pellicule réapparaît assez vite et le laiton devient plus jaune et moins brillant.

3ᵉ Série. — I. *Pour travailler facilement le cuivre et ses alliages on est amené à le recuire. Le métal garde-t-il sa couleur? Quelle est la cause du changement?*

Non : il s'oxyde superficiellement et devient gris ou noir.

II. *Quand on veut souder très solidement des pièces de laiton à peu près propres (on les a limées ou grattées), on fait ce que l'on appelle de la* soudure forte *: au point à souder on place une pâte constituée par* borax $+$ eau $+$ soudure *et on porte le tout au rouge. Que fait le cuivre* *dans ces conditions? Comme* CuO *empêcherait la soudure de prendre, quel est le rôle probable du borax?*

Il s'oxyde en CuO. — Le borax donne avec CuO des composés facilement fusibles.

III. *Quelle est la valence du cuivre dans ses composés?*

Deux (CuO) et un (Cu^2S).

IV. *Le sulfate de cuivre a pour formule* SO^4Cu. *Est-ce un sel cuivrique? Pourquoi? (On dit qu'un composé est cuivrique ou cuivreux suivant que la valence du cuivre y est respectivement 2 ou 1.)*

Oui, car Cu y est bivalent (SO^4H^2).

4ᵉ **Série.** — I. *La bougie est constituée par de l'acide stéarique. Que remarque-t-on quand on laisse des taches de bougie sur un bougeoir en cuivre? L'action demande-t-elle un long temps?*

Sous la bougie apparaît du vert de gris. — Assez : quelques heures.

II. *Comment expliquer la présence fréquente de vert-de-gris, en particulier sur les robinets de cuivre graissés?*

Le suif hâte la formation du vert-de-gris.

5ᵉ **Série.** — I. *Dans un flacon bien bouché mettons du cuivre et de l'acide sulfurique concentré. Au bout de quelques jours, la masse a bruni, et en ouvrant le flacon on sent l'odeur de* SO^2. *Que faut-il en conclure?*

SO^4H^2 agit sur Cu lentement, à froid.

II. *Comment se fait-il que pour décaper les objets en cuivre ou en laiton on les plonge dans l'acide sulfurique au* $\frac{1}{10}$? *De quelle couleur doit devenir le liquide?*

CuO formé se dissout en donnant SO^4Cu soluble et bleu.

III. *Utiliser la propriété du sulfate de cuivre anhydre pour reconnaître si on a de l'alcool pur (alcool absolu), ou de l'alcool contenant un peu d'eau.*

Dans l'alcool pur il reste blanc; s'il y a de l'eau il s'hydrate et bleuit.

6ᵉ **Série.** — I. *Quelle quantité de chaux vive faudrait-il employer pour décomposer entièrement* 1ᵏᵍ,500 *de sulfate de cuivre?*

A $SO^4Cu = 32 + 16 \times 4 + 64 = 160$ correspond $Ca(OH^2$ et par suite $CaO = 40 + 16 = 56$. Il faut donc $\dfrac{56 \times 1,5}{160} = 0^{kg},525$ de chaux vive.

II. *Pour obtenir la bouillie bordelaise basique on emploie 100 litres d'eau,* 1ᵏᵍ,500 *de sulfate, et* 0ᵏᵍ,750 *de chaux grasse. Pourquoi le mélange est-il basique?*

Il y a un excès de 0,750 — 0,525 = 0ᵏᵍ,225 de chaux grasse.

III. *Pour obtenir de la bouillie bordelaise neutre, faut-il plus ou moins de chaux que dans le cas précédent? — En réalité on verse peu à peu le lait de chaux et on agite jusqu'à ce que le papier de tournesol rouge bleuisse. Ne pourrait-on employer un papier à phtaléine? Ne serait-ce pas plus visible?*

Moins. — Si, car avec un excès de base, la phtaléine rougit. — Le virage serait plus net.

7e Série. — I. *Par la soude ou l'ammoniaque, le sulfate de fer donne un précipité verdâtre, ou plus ou moins couleur rouille, et le sulfate de zinc un précipité blanc sale.*
Comment ferez-vous pour reconnaître si on a falsifié du sulfate de cuivre par addition de sulfate de fer ou de sulfate de zinc?

Ajouter de l'ammoniaque et voir si l'on a un précipité insoluble qu'on pourra regarder après avoir décanté.

II. *Les solutions de sels de cuivre donnent dans une flamme incolore une coloration vert bleuâtre. Les sels de sodium donnent une coloration jaune.*
Comment verrez-vous si on a falsifié du sulfate de cuivre par addition de sulfate de sodium?

Mettre de la solution dans la flamme (au moyen d'un fil de platine, ou de charbon brûlant sans coloration) qui devient jaune s'il y a SO^4Na^2.

8e Série. — I. *Dans la métallurgie industrielle, le cuivre fondu est brassé avec des bâtons de bois mouillé? Quel corps pourrait se former à l'air? Que devient le bois dans le liquide? Quel est le rôle du carbone?*

CuO. — Il se dessèche et se carbonise. — C réduit CuO.

II. *« Chalco » veut dire cuivre. Que signifient alors les mots chalcographie, chalcogravure, chalcopyrite?*

Écriture et gravure sur cuivre. — Pyrite de cuivre.

PLOMB

1re Série. — I. *En quelques instants, avec une petite scie à main, un ouvrier coupe un tube de plomb épais et gros. Avec un maillet il lui donne rapidement une forme voulue. Que peut-on conclure au point de vue des propriétés de ce métal?*
Dureté et élasticité faibles.

II. *A quelle propriété fait-on allusion dans les expressions : « Il lui faudrait un peu de plomb dans la tête », « un sommeil de plomb », le « plomb » des vidangeurs?*
A la grande densité du métal.

III. *Le plomb pour couverture se vend généralement en feuilles de*

$3^m,00 \times 1^m,05$ et a de $3^{mm},8$ à $4^{mm},5$ *d'épaisseur. Que pèse une feuille?*

Épaisseur moyenne 1^{mm}. Poids moyen $3,3^{kg},750$.

IV. *Les feuilles laminées ne dépassent guère 8^{mm} d'épaisseur. Que pèse le mètre carré?*

$0^{kg},400$.

2 Série. — *En quoi souder du plomb à lui-même doit-il être facile (propriétés physiques) et difficile (propriétés chimiques).*

Grande fusibilité. — Oxydation facile.

3ᵉ Série. I. *Les eaux de source et les eaux de pluie sont-elles identiques? En quoi diffèrent-elles? Comment expliquer cette différence?*

La pluie traverse l'atmosphère et ne dissout guère que de l'air. — Les eaux de source traversent des terrains et dissolvent en particulier des substances minérales.

II. *Peut-on recueillir et conserver l'eau de pluie dans les récipients en plomb?*

Non : elle agit comme l'eau distillée.

4ᵉ Série. *Pour transporter l'acide sulfurique on prenait autrefois des récipients en plomb. Quels avantages présentent des récipients en fer actuels?*

Densité plus faible : épaisseur moindre.

5ᵉ Série. — *La fabrication du minium doit-elle se faire sans précaution? Pourquoi?*

Non : sa composition et sa couleur dépendent de la durée de chauffe. A plus de $500°$ il se décompose.

6ᵉ Série. — *Dans la chimie ancienne, le nom Saturne était donné au plomb. L'acétate basique s'appelle encore* sucre de Saturne (*et* extrait de Saturne): *à quelles propriétés ce terme fait-il allusion?*
Que doit-on entendre par coliques saturnines?

Saveur sucrée : composé du plomb. — Dues aux composés du plomb.

7ᵉ Série. — I. *L'azotate et l'acétate étant les sels de plomb solubles, que pensez-vous qui arrivera quand on traitera de la céruse successivement par* HCl, SO^{4}H^2, AzO^{3}H? *Quelles seront les formules des composés formés, le plomb étant* bivalent?

On aura effervescence (CO^2) et formation respective de $PbCl^2\downarrow$, $SO^4Pb\downarrow$ et $(AzO^3)^2Pb$ dissous.

II. *A l'analogie des noms* céruse *et* cérusite *correspond-il une analogie chimique?*

Oui, CO^3Pb en est le principe fondamental.

8ᵉ Série. — *Pour souder des pièces en laiton on se sert d'une soudure* **Pb + Sn.** *Pour que la soudure prenne, il faut que les surfaces soient bien décapées. L'ouvrier se sert alors « d'esprit de sel décomposé » qu'il a obtenu en traitant* **HCl** *par* **Zn** *jusqu'à cessation d'effervescence. D'où vient le nom « d'esprit de sel »? Par quoi est constitué « l'esprit de sel décomposé »?*

Quand la soudure est terminée on lave la pièce pour éviter la formation de « vert de gris ».

En traitant le *sel* **NaCl** par **SO⁴H²** on obtient **HCl** *gazeux*. — Par **ZnCl²**.

ZINC

1ʳᵉ Série. — I. *Quelles propriétés physiques utiliseriez-vous pour distinguer le zinc du plomb?*

Couleur. — Plier deux feuilles de même épaisseur.

II. *De deux lames de zinc, la plus noire est-elle la plus pure?*

C'est la moins pure (**Zn** pur est blanc bleuâtre).

III. *Le zinc le plus mince du commerce a* $0^{mm},41$ *(n° 9) d'épaisseur; le zinc dont on fait les seaux et arrosoirs a* $0^{mm},60$ *et* $0^{mm},78$ *(n°ˢ 12, 13) d'épaisseur; pour les toitures on prend des feuilles de* $0^{mm},87$ *(n° 14). On va jusqu'à* $2^{mm},60$ *d'épaisseur. Calculer le poids du mètre carré.*

$2^{kg},87$; $4^{kg},83$; $5^{kg},56$;
$6^{kg},09$: $18^{kg},62$.

IV. *La fabrication de la poudre de zinc et celle de la fleur de soufre ne se ressemblent-elles pas?*

Beaucoup. Mais au cours de la fabrication la fleur de S peut fondre et non **Zn**.

V. *On utilise* **HCl** *dissous pour décaper le zinc. Qu'en conclure?*

ZnO se dissout dans **HCl**.

2ᵉ Série. — *Comment se fait-il que la poudre de zinc puisse contenir des quantités notables d'oxyde de zinc?*

Il y a l'oxydation superficielle et facile à cause de la température.

3ᵉ Série. — I. *Le plomb, le zinc, forment très facilement des amalgames qui sont très faciles à briser. Est-il prudent de manier du mercure (ou des sels de mercure) au-dessus de récipients en zinc ou en plomb? Quels récipients faut-il donc employer?*

Non : il se forme des amalgames. — En fer.

II. *Comment se fait-il que le zinc s'amalgame beaucoup plus facilement quand il est décapé?*

Le contact avec **Hg** est parfait.

4ᵉ Série. — En traitant une dissolution saline par l'hydrogène sulfuré, on obtient un précipité blanc. Que faut-il en conclure, sachant que le sulfure de zinc est le seul sulfure usuel blanc?

Il y avait un sel de **Zn** dissous.

5ᵉ Série.   Comment reconnaîtriez-vous le blanc de zinc du blanc de plomb?

Ils se dissolvent tous deux dans **HCl**, la céruse seule avec effervescence. — **SO⁴H²** étendu dissout entièrement **ZnO** sans effervescence; avec la céruse on a effervescence et **SO⁴Pb** ↓ blanc.

ALUMINIUM

1ʳᵉ Série. — I. L'argent noircit sous l'action de l'hydrogène sulfuré. L'aluminium ne noircit pas. Quels avantages et quels inconvénients présentent les feuilles de ces métaux pour l' « argenture »?

Al ne noircit pas mais se ternit légèrement (**Al²O³**).

II. L'aluminium vaut environ 3000 francs la tonne, et le cuivre environ 2000 francs. Lequel de deux fils électriques de même conductibilité, l'un en cuivre, l'autre en aluminium, coûtera le plus cher? Lequel exigera les supports les plus solides et les plus rapprochés? Lequel aura le plus de chance de se rompre quand il sera couvert de givre? (La résistance à la rupture par mm² du cuivre est 20, celle de l'aluminium 12.

À égalité de conductibilité on doit avoir (page 32) $\dfrac{\text{section } \mathbf{Al}}{\text{section } \mathbf{Cu}} = \dfrac{49}{27}$.

Mais $\dfrac{\text{densité } \mathbf{Al}}{\text{densité } \mathbf{Cu}} = \dfrac{2,6}{8,8}$ d'où $\dfrac{\text{poids } \mathbf{Al}}{\text{poids } \mathbf{Cu}} = \dfrac{49}{27} \times \dfrac{26}{88} = 0,54$ environ. Donc **Cu** exige des poteaux plus solides et plus rapprochés. — $\dfrac{\text{Prix tonne } \mathbf{Al}}{\text{Prix tonne } \mathbf{Cu}}$

$= \dfrac{3}{2}$ d'où $\dfrac{\text{prix fil } \mathbf{Al}}{\text{prix fil } \mathbf{Cu}} = \dfrac{49}{27} \times \dfrac{26}{88} \times \dfrac{3}{2} = 0,80$. — À égalité de section, $\dfrac{\text{résistance } \mathbf{Al}}{\text{résistance } \mathbf{Cu}} = \dfrac{12}{20}$. Donc $\dfrac{\text{résistance fil } \mathbf{Al}}{\text{résistance fil } \mathbf{Cu}} = \dfrac{12}{20} \times \dfrac{49}{27} = 0,94$ et le fil **Al** est le plus solide.

2ᵉ Série. — I. Comment expliquez-vous qu'il soit impossible de souder, dans les conditions ordinaires, deux barres d'aluminium? (Les oxydes s'opposent à la soudure).

Al chauffé donne **Al²O³**.

II. Comment se fait-il qu'en badigeonnant un objet avec une sorte de peinture à base de poudre d'aluminium, cela fonctionne comme un excellent antirouille?

Al seul s'oxyde superficiellement et protège l'objet.

III. *Comment se fait-il qu'en chauffant des fils d'aluminium dans un creusel, on obtienne difficilement une masse liquide homogène, alors qu'on atteint 1000°?*

Al^2O^3 superficiel s'oppose à la réunion en masse.

3ᵉ Série. — I. *Comment expliquez-vous que, pour éviter la présence d'oxydes dans les bronzes et laitons, on incorpore souvent à ces alliages fondus de l'aluminium ou mieux un alliage cuivre-aluminium? Ne pourrait-on ajouter un alliage cuivre-magnésium? Pourquoi appelle-t-on ces alliages des alliages désoxydants?*

Al et **Mg** se combinent facilement à **O** : d'où la *réduction* des oxydes qui se formeraient et leurs noms.

4ᵉ Série. — I. *Quels sont les avantages et les inconvénients d'une batterie de cuisine en cuivre, en aluminium? Une batterie en aluminium a-t-elle besoin d'être étamée?*

Al est léger, s'altère lentement, ou donne des produits non toxiques; il n'a donc pas besoin d'être étamé. **Cu** est meilleur conducteur de la chaleur, mais peut donner des produits vénéneux; il est bon de l'étamer.

II. *Comment se fait-il qu'on utilise l'aluminium pour des canalisations d'acide azotique?*

L'attaque est presque nulle.

5ᵉ Série. — I. *On fait des bateaux démontables en aluminium. Peuvent-ils convenir pour la mer (200)?*

Non : les solutions salines l'altèrent.

II. *Qu'arrive-t-il quand on laisse du chocolat, du thé... à l'air? Pourquoi les enveloppe-t-on de papier d'étain ou d'aluminium?*

Ils subissent des modifications nuisibles. — Empêcher l'évaporation des produits odorants et l'action de l'air.

6ᵉ Série. — I. *Calculer la molécule-gramme : 1° du sulfate de potassium SO^4K^2; 2° du sulfate d'aluminium $(SO^4)^3Al^2$, $18H^2O$; 3° de l'alun $(SO^4)^4K^2Al^2$. $24H^2O$.*

1° 174ᵍ; 2° 666ᵍ; 3° 948ᵍ.

II. *Dans quelle proportion faut-il dissoudre les cristaux des deux constituants pour avoir de l'alun?*

174 à 666 soit 0,26.

III. *100 parties d'eau froide dissolvent 87 parties de sulfate d'aluminium, et 9 de sulfate de potassium. Pour l'eau bouillante on aurait respectivement 1140 et 26. Si on a pris 40 grammes de sulfate d'aluminium, 11 grammes de sulfate de potassium, et 100 grammes d'eau, quel sera l'état d'équilibre à la température ordinaire? Pourquoi dit-on, au paragraphe* **207**. *II. « jusqu'à disparition du sulfate de potassium? »*

Les deux sulfates sont dans la proportion voulue $\left(\frac{11}{40}=0,27\right)$ pour donner de l'alun. Mais le sulfate d'**Al** se dissout le premier. En faisant bouillir, **SO⁴K²** se dissout à son tour.

IV. De tous les sels d'aluminium, celui qui cristallise bien est l'alun ordinaire. Quel est alors le sel d'aluminium qu'on obtient le plus facilement pur?

L'alun ordinaire.

V. Ce qu'on utilise dans l'alun, c'est le sulfate d'aluminium. On sait aujourd'hui préparer de l'alumine pure. A-t-on besoin de passer par l'alun pour obtenir du sulfate d'aluminium pur?

Non : on dissout l'alumine pure dans SO_4H_2.

KAOLINS, ARGILES

1ʳ Série. — I. Quelles différences existent, soit au point de vue de la constitution, soit au point de vue des propriétés, entre la pâte de kaolin, la même pâte desséchée vers 200⁰, la pâte desséchée vers 800⁰, et la pâte fortement chauffée?

La pâte de kaolin portée à 200⁰ perd son eau, mais elle peut la reprendre. Portée à 800⁰, elle perd son eau de constitution mais elle garde sa dureté et sa forme dans l'eau qui la pénètre. Fortement chauffée elle se recouvre par fusion d'une sorte de vernis et l'eau ne la pénètre plus.

II. Les Arabes d'Égypte construisent leurs maisons avec des briques cuites au soleil. Pourquoi cela leur est-il possible? Qu'arriverait-il s'il pleuvait souvent?

La pâte d'argile perd son eau. — Sous l'action de la pluie l'argile redeviendrait molle et s'écraserait.

2ᵉ Série. — Quel procédé imagineriez-vous pour blanchir de l'amiante colorée par de l'oxyde de fer? Ce procédé serait-il physique ou chimique? En quoi consisterait-il?

Pulvériser l'amiante, la traiter par un acide donnant avec le fer seul un composé soluble dans l'eau; laver; dessécher.

3ᵉ Série. — I. Peut-on cuire des aliments dans des plats en porcelaine? Et en faïence?

Oui. — La faïence se fendillerait.

II. Distinguer par la transparence et la sonorité la porcelaine et la faïence.

La porcelaine seule est translucide et sonore.

III. *Comment se fait-il que, dans les pays chauds, l'eau se tient plus fraîche dans un récipient en argile cuite qu'en argile vernissée?*

L'eau suinte par les pores de l'argile *cuite* et s'évapore.

IV. *Racontez comment vous avez vu fabriquer une tuile, une brique.*

Extraction de la terre glaise; malaxage (homogénéité); moulage; séchage à l'air; cuisson.

V. *La porcelaine dégourdie, mise dans l'eau, redevient-elle plastique? Peut-on en faire des filtres stérilisateurs?*

Non. — Oui, à cause de ses pores très fins.

4ᵉ Série. — *Les verres au plomb sont relativement fusibles. Comment expliquez-vous que, pour émailler les poteries, on utilise en particulier la litharge* **PbO**? *Les sels de plomb sont vénéneux et les aliments acides attaquent l'émail obtenu. Quelles précautions doit-on prendre avec de telles poteries?*

PbO donne avec la poterie une sorte d'émail fusible. — Ne pas y mettre d'acides.

ARGENT

1ʳᵉ Série. — I. *Laquelle préféreriez-vous d'une théière en argent bruni, en argent blanc et mat, en argent blanc et poli? Pourquoi?*

En argent blanc et poli qui rayonne le moins la chaleur.

II. *Pourquoi, quand il est métallique, un manche de théière n'est-il pas directement soudé à la théière? Pourquoi intercale-t-on aux extrémités du manche des substances mauvaises conductrices de la chaleur?*

Ag étant bon conducteur de la chaleur, l'anse pourrait brûler la main.

III. *L'argent est le meilleur conducteur de l'électricité. Pourquoi ne l'utilise-t-on généralement pas pour cet usage?*

Cu est moins cher et presque aussi bon conducteur.

IV. *Deux cuillers ont une forme identique. L'une est faite d'un alliage blanc, l'autre d'argent. Comment pouvez-vous les distinguer l'une de l'autre?*

Les mettre dans l'eau chaude : le manche de la cuiller en **Ag** s'échauffe le plus.

V. *Une canne à poignée d'argent laisse une trace grisâtre sur la main et surtout sur les gants. De quoi cela provient-il?*

C'est **Ag** très divisé arraché à la poignée.

2ᵉ Série. — I. *Que pensez-vous de l'argent « oxydé » des bijoutiers?*

Ce doit être **Ag** sulfuré.

II. *Comment doit-on pouvoir procéder pour brunir l'argent?*

Traiter **Ag** par **H²S** ou mieux par le *sulfure* d'ammonium.

III. *Les objets en argent brunissent dans le gaz d'éclairage. Que peut-on en conclure?*

Le gaz doit contenir **H²S**.

IV. *Serait-il adroit de prendre une canne à pomme en argent lisse et « oxydé »?*

Non : **Ag²S** serait assez rapidement enlevé.

3ᵉ **Série.** — I. *Comment montreriez-vous la présence du sel de cuivre, sachant que l'ammoniaque en excès ne donne pas de précipité avec* **Az O⁵ Ag.**

Avec un excès d'ammoniaque, le sel de **Cu** donne une coloration bleue.

II. *Cette action de la chaleur sur l'azotate de cuivre est-elle conforme aux propriétés générales des azotates?*

Oui : la chaleur décompose les azotates.

III. *Quels sont les azotates qui, comme l'azotate d'argent, ne donnent pas des vapeurs rutilantes quand on les chauffe au-dessous du rouge (92)? L'action est-elle identique? Quelle est la valence des métaux de ces divers azotates?*

Les azotates alcalins. — Non : l'azotate alcalin donne **O** et l'azotite. — Monovalents.

IV. *À quel moment penseriez-vous que l'azotate de cuivre est totalement décomposé?*

Quand les vapeurs rutilantes cessent d'apparaitre.

V. *En utilisant l'ammoniaque, comment verriez-vous qu'il n'y a plus d'azotate de cuivre non décomposé?*

Voir I. 3ᵉ Série.

VI. *Pourquoi conserve-t-on la dissolution de* **Az O⁵ Ag** *dans des flacons en verre brun? Comment se fait-il que sur le goulot il y ait généralement un dépôt noir?*

Pour diminuer l'action de la lumière. — **AzO⁵Ag** donne **Ag** car la lumière agit énergiquement et il y a un bouchon de liège.

VII. *Comment se fait-il que* **Az O⁵ Ag** *constitue une encre indélébile pour écrire sur le linge?*

Ag formé est fixe.

4ᵉ **Série.** — *À la température ordinaire 100 grammes d'eau dis-*

solvent $0^{gr},5$ *de sulfate d'argent. Expliquer pourquoi on obtient un précipité blanc dans l'action de* SO^4H^2 *sur* **Ag.**

Il se forme SO^4Ag^2 dont la limite de solubilité est bientôt dépassée.

5ᵉ Série. — I. *Les sels d'argent sont vénéneux. Comme il y a beaucoup de chlorure de sodium dans l'organisme, les sels d'argent sont-ils dangereux, pris à petites doses?*

Non : ils sont transformés en **AgCl** insoluble.

II. *Que donneriez-vous à une personne qui aurait absorbé beaucoup d'azotate d'argent dissous?*

Vomitif puis eau salée.

III. *Les bromures les plus utilisés sont* **KBr.** **(AzH⁴)Br.** *Cent parties d'eau froide en dissolvent respectivement 53 et 78 parties. De plus elles dissoudraient 13 p. de* AzO^5K *et 200 de* AzO^5 **(AzH⁴)**. *Pourquoi choisit-on le bromure d'ammonium dans la préparation des plaques photographiques?*

A cause de la grande solubilité relative de ces deux sels d'ammonium.

6ᵉ Série. — I. *On lave dans l'eau ordinaire une feuille de papier sensible. Comment se fait-il que généralement il se produise un louche? Y aurait-il un louche si dans la feuille n'existaient que des produits absolument insolubles, ou si on employait de l'eau distillée?*

Le sel d'argent soluble donne avec les chlorures dissous du **AgCl** insoluble. — Non.

II. *1ᵒ Une plaque photographique exposée à la lumière puis immergée dans l'hyposulfite de sodium devient transparente.* **AgBr** *impressionné est-il soluble dans l'hyposulfite?*

2ᵒ Y aurait-il danger de laisser la lumière agir sur une plaque qu'on développe?

3ᵒ Et quand la plaque baigne dans l'hyposulfite?

1ᵒ Oui. — 2ᵒ oui, la lumière agirait sur **AgBr** non transformé, et la plaque noircirait uniformément. — 3ᵒ non (voir 1ᵒ).

III. *Nous avons dit qu'un litre d'eau dissout $1^{mg},5$ de chlorure d'argent. On dissout une molécule-gramme d'azotate d'argent dans 10 litres d'eau. Combien ces 10 litres pourraient-ils donner de chlorure d'argent?*

Dans 10^{cm3} d'une dissolution de chlorure on verse de la dissolution précédente d'azotate d'argent. Combien faut-il en avoir versé pour voir apparaitre *un précipité?*

$AzO^5Ag = 170^2$ soit 17^{mg} par cm^3. Le précipité apparaît si dans les 10^{cm3} il y a $0^{mg},015$ de chlorure formé, ce qui correspond à $\dfrac{0,015}{17}$ cm^3 soit environ 1^{mm3} d'AzO^5Ag dissous.

7ᵉ Série. — I. *En vous reportant à l'analyse de l'air, connaissez-vous un corps qui se comporte comme l'oxyde d'argent?*

L'oxyde rouge HgO.

II. *Quelles ressemblances et quelles différences y a-t-il entre l'oxyde rouge de mercure HgO et l'oxyde d'argent?*

Chauffés ils se décomposent tous deux en métal $+ O$. Seul HgO s'obtient en chauffant directement Hg à l'air.

III. *Dans une dissolution incolore d'azotate mercurique $(AzO^3)^2 Hg$ on verse de la potasse. Trouver la réaction qui a lieu sachant qu'elle est comparable à celle que nous avons vue à propos de l'oxyde d'argent.*

L'oxyde mercurique HgO *obtenu est alors* jaune.

$$(AzO^3)^2 Hg + 2 KOH = 2 AzO^3K + HgO + H^2O.$$

8ᵉ Série. — I. *Le cuivre déplace le métal de l'azotate d'argent. Qu'arrivera-t-il si l'on met une lame de cuivre dans une dissolution d'azotate d'argent?* (**172**).

Ag se déposera sur Cu et le liquide bleuira : $(AzO^3)^2Cu$.

II. *Si on faisait l'argenture galvanique avec de l'azotate d'argent, on obtiendrait un dépôt cristallin. Aussi on utilise de l'argentocyanure* de potassium $K[Ag(CN)^2]$ *(nous séparons les deux ions) qui donne un dépôt bien adhérent sous l'action du courant électrique :* 1ᵒ *l'ion* K *apparaît à la cathode mais réagit sur l'argentocyanure dissous suivant l'équation* $K + KAg(CN)^2 = Ag \downarrow + 2 K(CN)$ *(cyanure de potassium);* 2ᵒ *l'ion* $Ag(CN)^2$ *apparaît à l'anode et réagit sur l'anode en argent :* $Ag(CN)^2 + Ag = 2 Ag(CN)$, *cyanure d'argent qui se dissout dans le cyanure de potassium* $K(CN)$ *formé à la cathode (on a soin d'agiter le bain), en redonnant l'argentocyanure.*

Y aura-t-il un dépôt d'argent quand, dans ce bain, on plongera une lame de cuivre?

Non car le cation n'est pas Ag comme dans AzO^3Ag.

III. *L'argent se dissout dans le mercure. Que peut-il arriver quand on chauffe cet amalgame (le mercure bout à 360°)? C'est un ancien procédé d'argenture.*

Que feriez-vous si vous laissiez tomber une pièce d'argent dans du mercure?

Hg seul se volatilise si on ne dépasse pas, par exemple 500°. — La retirer immédiatement, la chauffer au rouge, et la décaper légèrement, s'il y a lieu, dans AzO^3H.

OR

I. *Quels alliages prendriez-vous (fig. 62) si vous vouliez souder :* 1ᵒ *deux morceaux d'or;* 2ᵒ *deux morceaux d'argent?*

Généralement les alliages pour soudures d'or ou d'argent contiennent du cuivre.

1º L'alliage **Au** + 20 %/0 **Cu.** — 2º L'alliage **Ag** + 25 %/0 **Cu.**

II. *Si l'on réalise des alliages d'argent-cuivre avec du nickel, ou du zinc, ou du zinc-nickel, montrer pourquoi on peut avoir des alliages* blancs *qui contiennent moins de 50 o/o d'argent.*

L'alliage final tend vers la couleur du nouveau métal introduit.

NOTIONS DE MÉTALLURGIE

I. *Qu'obtient-on en électrolysant* **BaCl²**. **MgCl²**? **BaCl²** *s'obtient en partant du carbonate naturel* **CO³Ba** *(montrer comment);* **MgCl²** *existe en grande quantité à Stassfurt* (**105**) *et dans l'eau de mer.*

On retire **Cl** et **Ba, Mg.**
Traiter **CO³Ba** par 2**HCl** d'où **BaCl²** + **CO²** + **H²O.**

II. *Le seul minerai d'étain est la cassitérite* **SnO²**. *Comment en extraire l'étain? La métallurgie est-elle difficile, l'étain étant très facile à fondre* (**232º**).

Réduire **SnO²** par **C**; **Sn** formé fond. et se sépare.

III. *Le minerai de plomb est souvent argentifère. Trouver un moyen de séparer l'argent, connaissant l'action de l'oxygène sur* **Pb** *et* **Ag.**

Fondre le minerai, le soumettre à un courant d'air qui oxyde **Pb** seul (**PbO**) et laisse **Ag.**

LES MATIÈRES ORGANIQUES

1ʳᵉ **Série.** — *L'extérieur de la pomme de terre est-il identique à l'intérieur? En quoi en diffère-t-il en particulier? L'analyse immédiate d'une pomme de terre entière serait-elle plus difficile que l'analyse immédiate que nous venons de faire? Pourquoi?*

Non: l'extérieur a une coloration différente. — Oui, en raison des substances contenues dans la pelure.

2ᵉ **Série.** — *Fait-on l'analyse immédiate d'une substance organique? Pourquoi?*

Non, car c'est une espèce chimique.

3ᵉ **Série.** — I. *Des substances que nous venons d'énumérer* (**C, CO, CO²**, *carbonates) lesquelles peuvent être produites par des êtres organisés (songer à la respiration des êtres vivants — à l'œuf des oiseaux)?*

CO² (respiration); carbonates (œuf des oiseaux; squelettes des vertébrés; coquilles de mollusques).

II. *Le pain est-il formé de substances organiques? Comment le prouver?*

Oui : chauffé suffisamment, il se carbonise.

III. *Même question pour le blanc d'œuf.*

Oui : voir II.

IV. *Établir la liste des aliments les plus répandus et les ranger en deux groupes (aliments minéraux, aliments organiques).*

Minéraux : eau, sel marin. — Organiques : pain, vin, viande, légumes, fruits, œufs, lait, beurre, fromage.

CONSTITUTION DES MATIÈRES ORGANIQUES

1ʳᵉ Série. — *Qu'arriverait-il si l'on montait d'abord l'appareil comme l'indique la figure 67 et si l'on chauffait seulement ensuite?*

L'air de l'appareil se dégage en E' et fausse les résultats.

2ᵉ Série. — I. *Comment se fait-il qu'on puisse remplacer l'oxyde de cuivre par l'oxygène gazeux?*

O en excès n'agit ni sur SO^4H^2, ni sur KOH et se dégage.

II. *Qu'arriverait-il si on utilisait soit de l'oxyde de cuivre non desséché, soit une matière organique humide?*

L'eau de cette provenance serait considérée comme provenant de l'oxydation de H de la substance.

III. *Imaginer un procédé à employer au cas où la substance à étudier serait gazeuse ou liquide?*

Vaporiser à part un poids donné de substance et faire passer les vapeurs (ou le gaz) sur CuO contenu dans un tube chauffé.

3ᵉ Série. — **Problème.** — *Le glucose a pour formule $C^6H^{12}O^6$. On chauffe $0^{gr},4178$ de sucre avec une quantité suffisante d'oxyde de cuivre. Quelle sera l'augmentation de poids des tubes à ponce sulfurique et à potasse caustique?*

$$O = 16. \qquad H = 1. \qquad C = 12.$$

$C^6H^{12}O^6$ ou $(CH^2O)^6$ montre que dans $12 + 2 + 16 = 30^{gr}$ de glucose il y a 12^{gr} de C et de 2^{gr} de H qui donneront 44^{gr} de CO^2 et 18^{gr} de H^2O. A $0^{gr},4178$ correspondront $\dfrac{18 \times 0,4178}{30} = 0^{gr},2507$ d'eau (ponce sulfurique) et

$\dfrac{44 \times 0,4178}{30} = 0^{gr},6128$ de CO^2 (potasse).

4ᵉ Série. — I. *Réaliser la combustion incomplète de cheveux, de laine, de coton, de papier, de viande. Les odeurs qui se répandent sont-*

elles les mêmes? Quelles sont alors, parmi les substances indiquées, celles qui sont azotées?

Non : les cheveux, la laine, la viande donnent une odeur de corne brûlée ; ce sont des substances azotées.

II. *Qu'arrive-t-il quand le lait « se sauve »? Que doit-on en conclure? Est-ce que le lait est une espèce chimique? Qui le prouve?*

Le lait mousse abondamment, se répand sur le foyer et donne une odeur de corne brûlée ; il contient donc des substances azotées. — Non, car laissé au repos il se divise en 2 parties distinctes (la crème surnage).

III. *Reconnaître un tissu animal ou végétal (laine, soie, coton, lin).*

Par combustion incomplète le tissu animal (laine, soie) donne une odeur de roussi, ou de corne brûlée.

5ᵉ Série. — *Montrer que si, en chauffant en vase clos uniquement une substance organique, on obtient soit de l'eau, soit de l'oxyde de carbone, soit du gaz carbonique, on peut affirmer que la substance contient de l'oxygène.*

En effet H_2O, CO, CO_2 contiennent O qui ne peut provenir que de la substance.

6ᵉ Série. — *Qu'arriverait-il si l'on n'était pas sûr de l'hypothèse faite au début?*

La différence représenterait la somme des poids de *toutes* les substances autres que C et H.

CARBURES D'HYDROGÈNE

1ʳ Série. — I. *Comparer, au point de vue de leur nombre, les composés organiques binaires.*

Les carbures d'H sont infiniment plus nombreux que les autres.

II. *Quels sont les composés binaires formés par les quatre éléments C. H. O. Az. que vous avez étudiés?*

H_2O, CO, CO_2, AzO, AzO_2, AzH_3.

2ᵉ Série. — **Problèmes.** — I. *Un carbure de formule C^nH^{2p} doit être brûlé sans résidu. Quel est le volume d'oxygène nécessaire? Quel est le volume d'air qu'exigerait la combustion complète?*

C^nH^{2p}, soit 2 volumes, donne $n\,CO_2 + p\,H_2O$, ce qui exige $(2n+p)\,O$, soit $2n+p$ volumes. — Cela correspond à $5\,(2n+p)$ vol. d'air.

II. *Un carbure de formule C^nH^{2p} brûle en laissant tout son carbone. Quels sont les volumes d'oxygène ou d'air nécessaires à cette combustion?*

On a $C^nH^{2p} + pO = nC + pH_2O$. Donc 2 vol. de carbure exigent p vol. de O, ou $5p$ vol. d'air.

III. *Un carbure gazeux de formule C_nH_{2p} est mélangé à de l'oxygène. Dans quelles proportions doit-on faire le mélange pour que la combustion soit complète?*

De la question I résulte que $\dfrac{\text{vol. carbure}}{\text{vol. oxygène}} = \dfrac{2}{2n + p}$

MÉTHANE

1re **Série.** — 1. *Observez de l'eau dormante où il y a de la vase. Le dégagement des bulles est-il régulier? Dépend-il des conditions extérieures (par exemple des perturbations qui se produisent à l'approche d'un orage)?*

Non. — Il s'accentue quand le baromètre baisse subitement.

II. *Que faudrait-il faire pour purifier le gaz des marais? Cette purification peut-elle être complète? Pourquoi?*

Enlever CO_2 par KOH; O par P. — Difficilement à cause de H.

III. *En suivant le cours d'une rivière, par quels moyens reconnaîtrez-vous les parties sableuses et les parties vaseuses?*

À la couleur du fond et aux bulles de gaz (vase).

IV. *A quelles causes est due l'existence de CO_2 dans l'air des houillères?*

C s'oxyde lentement.

V. *Quels doivent être les gaz principaux qui se trouvent dans les galeries des mines de houille? Pourquoi la ventilation doit-elle être très active? La teneur en oxygène est-elle différente de celle de l'air extérieur?*

Az, O, CO_2, CH_4. — Pour enlever CO_2, CH_4 et amener l'air pur. — Probablement plus faible (voir IV).

2e **Série.** — 1. *Comment faut-il tenir les éprouvettes pleines de méthane?*

L'ouverture en bas.

II. *Comment pourrait-on recueillir le méthane sans cuve à eau?*

Par déplacement, le flacon ayant son ouverture en bas.

3e **Série.** — 1. *Quelle quantité d'oxygène faut-il pour brûler complètement un volume de méthane?*

2 vol., car $O = 1$ vol. et $CH_4 = 2$ vol.

II. *On mélange 1 volume de méthane et 2 volumes d'air. Cela réali-*

sera-t-il un mélange tonnant comparable à celui que nous avons étudié?

Non, car 2 vol. d'air contiennent $\frac{2}{5}$ vol. **O** et **Az** est chauffé par la chaleur de réaction.

III. *On mélange 1 volume de méthane et 10 volumes d'air. Comparer ce mélange au mélange tonnant type (1 vol. **CH⁴** + 2 vol. **O**). La détonation sera-t-elle aussi forte? Pourquoi? 1ʳᵉ Année. 112.*

On a bien $\frac{10}{5} = 2$ vol. **O**. — Moins forte car la chaleur de réaction doit chauffer **Az** inerte.

IV. *Comment expliquez-vous l'expression « un coup de grisou »?*

La réaction se fait brusquement.

V. *Qu'arriverait-il si un ouvrier allumait une allumette dans un air chargé de grisou?*

L'explosion se produirait.

VI. *Ne tourne-t-on pas dans un cercle vicieux au point de vue de l'éclairage des mines, puisque les lampes ordinaires exigent de l'air et que le grisou exige l'absence de corps à température élevée?*

En réalité, la lampe est entourée d'une enveloppe partie en verre (autour de la flamme; utilité?), partie en toile métallique assez fine (revoir les propriétés des toiles métalliques).

Une lampe ordinaire serait dangereuse (voir V). La lumière doit être dans une enceinte partiellement transparente telle que s'il s'y produit une explosion de grisou, l'explosion ne se propage pas au dehors. Le verre donne la transparence; la toile métallique refroidit le gaz et l'explosion ne se transmet pas au dehors de la lampe; l'air nécessaire et les gaz de la combustion traversent la toile.

VII. — *Que penseriez-vous de l'éclairage électrique des mines? Laquelle choisiriez-vous d'une lampe à arc ou d'une lampe à incandescence? Pourquoi?*

Une lampe à incandescence (ampoule de verre). — L'arc exigerait un dispositif par exemple analogue au précédent (VI).

VIII. **Problèmes.** — *1° Dans un eudiomètre à mercure (1ʳᵉ Année, 42) on introduit 12ᶜᵐ³ de méthane et 10ᶜᵐ³ d'oxygène. On fait éclater l'étincelle et la réaction se produit. Quel sera l'état final?*

2° Dans un eudiomètre à mercure on introduit 6ᶜᵐ³ de méthane et 30ᶜᵐ³ d'oxygène. On fait éclater l'étincelle électrique. Quel sera l'état final? — On introduit dans le tube une dissolution de potasse caustique. De combien le volume variera-t-il? — Quel sera le volume et la nature du gaz restant?

3° Dans un eudiomètre à mercure on introduit 5ᶜᵐ³ de méthane et 20ᶜᵐ³ d'oxygène. Quand l'étincelle a éclaté et qu'on est revenu à la température primitive, on constate que le volume du gaz est de 15ᶜᵐ³.

La potasse absorbe 5^{cm3} et le gaz restant est de l'oxygène. En déduire la composition du méthane.

1° La combustion complète de 12^{cm3} CH^4 exige $12 \times 2 = 24^{cm3}$ O. On aura donc finalement 5^{cm3} CH^4 brûlé, d'où 5^{cm3} de CO^2, 7^{cm3} CH^4 et de l'eau.

2° Les 6^{cm3} CH^4 brûlent complètement, utilisent $6 \times 2 = 12^{cm3}$ de O (il reste donc $18^{cm3}O$) et donnent $6^{cm3}CO^2$ et de l'eau. — KOH absorbe les $6^{cm3}CO^2$. — Il reste alors $18^{cm3}O$.

3° Il a été utilisé $20 - 10 = 10^{cm3}$ O qui ont donné $5^{cm3}CO^2$ et H^2O

— $5^{cm3}CO^2$ contiennent $5^{cm3}O$ et $\dfrac{12 \times 5}{22,3} = 2^{mg},690$ de C puisque 11^{mc} de CO^2 contiennent 12^{mg} C et occupent $22^{cm3},3$: donc $5^{cm3}O$ ont servi à former H^2O, ce qui a exigé $10^{cm3}H$ pesant $\dfrac{2 \times 10}{22,3} = 0^{mg},896$.

Tout ceci correspond à $2,690 + 0,896 = 3^{mg},586$ de méthane.

4° Série. — I. *Le brome, liquide brun rougeâtre, très volatil, rappelle le chlore par ses propriétés chimiques.*

Quels seront la formule et le nom du corps qui correspondent au chloroforme? Ce corps est un liquide incolore bouillant à 150°.

$CHBr^3$, bromoforme.

II. *Comparer les formules du méthane, du chloroforme et de l'iodoforme.*

CH^4, $CHCl^3$, CHI^3 : à $3H$ on a *substitué* $3Cl$ ou $3I$ (Cl et I, monovalents).

PÉTROLES, PARAFFINE, VASELINE

1re Série. — *Le coefficient de dilatation du pétrole est 0,0008. En quoi est-ce important à savoir pour le transport et l'emmagasinement du pétrole?*

1^{m3} de pétrole porté de $0°$ à $20°$ augmente de $1000 \times 0,0008 \times 20 = 16^l$. Le remplissage doit permettre la dilatation des liquides.

2e Série. — *L'éther de pétrole ne se solidifie pas même à — 200°. Avec quoi faut-il graisser les machines à air liquide? Que peut-on prendre pour faire un thermomètre destiné aux basses températures?*

Utiliser l'éther de pétrole.

3e Série. — I. *Peut-on remplir complètement d'essence une lampe Pigeon ou une lampe à souder? Qu'arriverait-il, même si on ne renversait pas la lampe?*

Non. Une augmentation de température amènerait la sortie du liquide, plus dilatable que le cuivre, d'où une flamme trop forte.

II. *Pourquoi faut-il remplir les lampes à essence de jour, et loin d'une flamme?*

En raison de la volatilité et de l'inflammabilité des liquides.

III. *Pourquoi faut-il se contenter d'imbiber la masse spongieuse des lampes Pigeon? S'il y avait un excès de liquide, que pourrait-il arriver en renversant la lampe?*

De façon que le liquide ne puisse s'écouler (voir I).

En renversant la lampe le liquide s'écoule et il peut en résulter des flammes dangereuses, et même une explosion de la lampe trop chauffée.

IV. *Que faudrait-il faire si une lampe à essence prenait feu?*

L'envelopper d'un torchon mouillé.

4ᵉ Série. — I. *Comparer la différence de facilité d'inflammation du pétrole liquide et du pétrole imbibant une mèche. A quoi tient cette différence?*

Le pétrole de la mèche est plus facile à enflammer, car l'allumette n'en chauffe qu'une partie et la mèche est mauvaise conductrice; aussi le pétrole est porté à une température telle qu'il se vaporise et s'enflamme.

II. *Quel est le rôle de la mèche d'une lampe? Pourquoi le réservoir est-il large et peu profond?*

Voir I. — Puis le pétrole monte par capillarité. — L'ascension du pétrole ne peut se faire sur une grande longueur de mèche; ainsi la distance du liquide à la flamme est assez faible et peu variable.

III. *Comparer la flamme d'une lampe avec ou sans son verre. Comment expliquer la présence du carbone? Qu'en conclure au point de vue de la constitution des pétroles et de l'action de la chaleur sur eux?*

Sans verre la flamme est fuligineuse et moins éclairante. — C provient des produits qui constituent le pétrole, produits qui, chauffés se vaporisent et se décomposent.

IV. *Influence de la longueur de la mèche sur l'aspect de la flamme dans les lampes à pétrole et aussi dans les lampes Pigeon. Que se produit-il quand on bouche plus ou moins les passages de l'air?*

Si la mèche est trop levée, il y a trop de pétrole décomposé et pas assez d'air : d'où une flamme fuligineuse et une mauvaise odeur. — Avec trop peu de mèche la combustion est complète, mais la flamme peu éclairante. — Moins il y a d'air, plus la flamme est fuligineuse.

V. *Qu'arriverait-il si, dans la flamme d'une lampe fonctionnant bien, on introduisait un manchon à incandescence? Comment éviter le dépôt de charbon qui se formerait de suite? Quelles doivent être alors les parties essentielles des lampes intensives à pétrole et à manchon?*

Le manchon se recouvrirait de C. — Par oxydation. — Un appel d'air considérable et des brûleurs permettant la combustion complète du pétrole.

VI. *Expliquer les phénomènes physiques et chimiques qui se passent quand on allume puis laisse brûler une lampe à pétrole.*

Le pétrole chauffé en un point se vaporise et s'enflamme : C, résultant de la décomposition devient incandescent, puis se transforme en CO_2. — La combustion continue, le pétrole montant par capillarité. En même temps la mèche se carbonise graduellement.

VII. *Qu'entend-on vulgairement par « huile minérale »? Quelles propriétés rappelle chacun de ces deux mots?*

Le pétrole. — La consistance (huile) et la provenance.

VIII. *Comment expliquez-vous qu'une même lampe ne brûle pas dans des conditions également avantageuses les pétroles de diverses provenances? — Une lampe bonne pour le pétrole de Pennsylvanie sera-t-elle bonne pour le pétrole de Russie, sachant que ceux-ci exigent un grand afflux d'air pour donner un maximum d'intensité lumineuse? — Montrer pourquoi le bec doit être choisi suivant le pétrole, ou inversement le pétrole suivant le bec.*

Ces pétroles n'ayant pas la même composition, des poids égaux nécessitent pour brûler des quantité d'O différentes. — La lampe bonne pour le pétrole de Pennsylvanie brûlera donc mal avec le pétrole de Russie. — Le bec doit être tel qu'il passe la quantité d'air nécessaire à la bonne combustion.

IX. *Comment se fait-il que l'anneau de charbon, situé à la partie supérieure de la mèche, provienne en partie du pétrole? Cet anneau a-t-il une influence sur l'intensité lumineuse?*

Les carbures du pétrole chauffé donnent C. — Il la diminue, la capillarité y étant trop faible.

5ᵉ Série. — I. *Énumérer les phénomènes physiques et chimiques qui se produisent depuis le moment où on a approché une allumette enflammée de la mèche d'une bougie de paraffine, jusqu'au moment où cette bougie brûle tranquillement.*

L'allumette fait brûler la mèche; la chaleur de la combustion fait fondre la paraffine qui monte dans la mèche par capillarité, se volatilise, se décompose et brûle.

II. *Se brûle-t-on quand on fait couler une bougie de paraffine sur la main? Qu'en conclure pour la température de fusion?*

Non. — Elle doit être assez basse.

6ᵉ Série — I. *Quel est l'odeur de la vaseline impure? Comment l'expliquer?*

Odeur du pétrole. — La provenance. La distillation a été incomplète.

II. *Comment se fait-il que la vaseline et la paraffine chauffées assez longtemps brunissent?*

Elles se décomposent partiellement.

ACÉTYLÈNE

1re Série. — I. *Pourrait-on remplacer la chaux vive par le carbonate de calcium, dans la préparation du carbure de calcium?*

Oui : CO_3Ca serait d'abord transformé en $CaO + CO_2$↗.

II. *Quels corps obtiendrait-on si l'on prenait le carbure C_2Na_2 pour préparer l'acétylène? Et qu'arriverait-il si l'on savait préparer ce carbure en partant du coke et du sel marin?*

C_2H_2 et $NaOH$. — Ce serait un moyen simple de préparer $NaOH$ et peut être Cl si $2\,NaCl + 2\,C = C_2Na_2 + 2\,Cl$.

III. *Quel appareil imagineriez-vous pour vous rendre compte de la valeur d'un carbure?*

Prendre un petit flacon presque plein d'eau où l'on puisse introduire facilement un poids donné de carbure. Recueillir C_2H_2 dans une éprouvette graduée renversée sur l'eau.

IV. *Comment expliquez-vous que la chaux contenue dans le verre où on a laissé tomber un morceau de carbure soit grisâtre? — Quelle est alors l'impureté contenue dans le carbure? — Et quelle couleur attribueriez-vous au carbure pur?*

C_2Ca est impur. — Probablement C. — Blanc.

V. *Pourquoi vend-on le carbure dans des boîtes hermétiquement closes?*

Pour éviter l'action de l'humidité de l'air.

2e Série. — I. *Quel est le poids d'acétylène dissous dans un litre d'acétone à la pression ordinaire?*

25^l de $C_2H_2 = 26$ pèsent $\dfrac{26 \times 25}{22,3} = 29^g$ environ.

II. *En admettant que le poids de gaz dissous soit proportionnel à la pression exercée par le gaz au-dessus du dissolvant, quel poids d'acétylène 1 litre d'acétone dissout-il sous la pression de 10 atmosphères? Quel volume occuperait ce gaz dissous s'il était ramené à la pression atmosphérique?*

$29 \times 10 = 290^g$ environ. — $25 \times 10 = 250^l$.

III. *Un litre d'acétylène liquéfié représente, à 10°, 420 grammes d'acétylène. A quel volume de gaz cela correspond-il? Combien en donnerait, dans les conditions ordinaires, 1 litre de carbure? — Lequel est alors à préférer du carbure ou du gaz liquéfié? — Lequel est le moins dangereux à transporter? Pourquoi? — Et que pensez-vous, à ce propos, de l'acétylène dissous dans l'acétone?*

$22^l,3$ pèsent 26^g; 420^g occupent $\dfrac{22,3 \times 420}{26} = 360^l$. — 1^l de carbure pèse $2^{kg},2$ et donne environ $300 \times 2,2 = 660^l$ de gaz. — Le carbure est donc préférable. — Il est plus facile à transporter (solide : pas d'explosions). — Il pourrait y avoir des chances d'explosion.

IV. *L'acétylène liquide revient à environ 215 francs la tonne. Est-il plus avantageux que le carbure?*

Non. La tonne de carbure revient à 200^f et le carbure donne plus de gaz (III).

3ᵉ Série. — I. *Quels sont les dangers auxquels expose le maniement de l'acétylène liquéfié?*

Explosions graves, puisque la pression est de l'ordre de 40 atmosphères.

II. *Pour quelles raisons l'acétylène liquide n'a-t-il pu, jusqu'ici, trouver d'emploi industriel?*

Sa manipulation a amené de graves accidents.

4ᵉ Série. — I. *Est-il surprenant qu'on puisse rallumer une flamme d'acétylène à l'aide d'une cigarette en combustion? N'est-ce pas un inconvénient de plus, dans l'emploi de l'acétylène?*

C^2H^2 s'enflamme donc à une température très basse. — Certainement.

II. **Problème.** — *En tenant compte des équations*

$$2\,H + O = H^2O \ (vapeur) + 69 \ cal.$$
$$C + 2\,O = CO^2 + 94 \ cal.$$
$$C^2H^2 = 2\,C + 2\,H + 51^{cal},4.$$
$$C^2H^2 + 5\,O = 2\,CO^2 + H^2O,$$

déterminer la quantité de chaleur dégagée par la combustion complète :
1° D'une molécule-gramme;
2° D'un mètre cube d'acétylène.

C^2H^2 se décomposant donne $51^{cal},4$; $2\,CO^2$ donne 94×2 cal. et H^2O 69. En tout $51,4 + 188 + 69 = 308^{cal},4$. — Le m^3 contient $\dfrac{1000}{22,3}$ mol.; d'où

$$\frac{308,4 \times 1000}{22,3} = 13\,830^{cal} \text{ environ.}$$

III. *Que penseriez-vous alors de l'acétylène au point de vue de la production de force motrice (**280**)?*

Il serait probablement trop brisant.

IV. *Pourquoi faut-il, dans les générateurs à acétylène, éviter soigneusement les rentrées d'air, les retours de flamme, les fuites?*

Pour éviter les explosions.

5ᵉ Série. — *Imaginer un dispositif permettant de reconnaître la présence de l'acétylène dans le gaz d'éclairage.*

Faire barboter le gaz dans du chlorure cuivreux ammoniacal, et enflammer le gaz qui sort, pour s'en débarrasser.

GAZ DE L'ÉCLAIRAGE

1ʳᵉ Série. — *Citez toutes les décompositions pyrogénées que nous avons effectuées dans le cours de 2ᵉ Année.*

Azotates alcalins; CO^3NaH; CO^3Ca; gypse; kaolins; diverses substances organiques, dont certains carbures d'hydrogène.

2ᵉ Série. — *I. Pour quelles raisons y a-t-il tant de SO^2 dans l'atmosphère des grandes villes?*

La houille contient FeS^2.

II. Des plantes se portent-elles bien dans un appartement où brûle du gaz?

Non, en raison de certains produits de la combustion.

III. Il reste encore des produits condensables dans le gaz livré à la consommation. Examiner une conduite de gaz assez longue et voir si les plombiers n'adoptent pas parfois des dispositifs spéciaux pour recueillir les produits condensés.

En certains endroits, surtout aux branches verticales, on place des tubes de plomb servant de réservoirs.

IV. Qu'entre-t-il dans une usine à gaz? Qu'en sort-il?

De la houille. — Gaz, coke, goudrons, sels ammoniacaux.

V. Imaginer une expérience très simple montrant que la pression du gaz d'éclairage ne dépasse la pression atmosphérique que de quelques centimètres d'eau.

Plonger un tube à gaz ouvert dans l'eau : le dégagement cesse quand l'ouverture est à une dizaine de centimètres de profondeur.

3ᵉ Série. — *I. Où avons-nous parlé, en 1ʳᵉ Année, des eaux ammoniacales? A quoi servent-elles?*

A propos des sels ammoniacaux préparés à l'aide de AzH^3 obtenu par distillation des eaux ammoniacales.

II. Examiner et décrire un manchon à incandescence. Comment l'utilise-t-on? Quelles précautions prend-on quand on l'allume pour la première fois?

Un treillis supporte la substance active, blanche. — On flambe le manchon : le treillis seul brûle, et le manchon est plus fragile. — En brûlant, le gaz porte le manchon à l'incandescence d'où une lumière vive presque blanche.

III. Examiner les différences qui existent entre la façon de brûler du gaz dans le fourneau ordinaire, et dans une rôtissoire à gaz.

Le gaz brûle avec une flamme bleue, peu éclairante, très chaude, rayonnant peu. Dans la rôtissoire la flamme est éclairante, bien moins chaude, mais elle rayonne beaucoup.

4ᵉ Série. — *I. Comment expliquez-vous les explosions dues au gaz, dont on parle quelquefois dans les journaux?*

Le gaz échappé donne avec l'air un mélange tonnant.

II. Étudier quelques propriétés de la suie. Dans quels cas se forme-t-elle? S'en produit-il dans la combustion du gaz d'éclairage? Pourquoi?

Corps solide noir, à odeur particulière, se formant quand le combustible donne beaucoup de fumée. — Le gaz n'en donne pas puisque sa combustion conduit à des gaz, surtout CO_2 et H_2O.

III. Le gaz ordinaire a-t-il une odeur? Qu'arriverait-il s'il était formé uniquement de méthane, d'hydrogène et d'oxyde de carbone? Y a-t-il alors intérêt à ne pas rechercher une épuration complète?

Oui. — Il serait inodore. — Oui, pour s'apercevoir des fuites.

IV. Connaissant les propriétés physiologiques de ses composants, trouver celles du gaz d'éclairage.

Il n'entretient pas la respiration : il peut empoisonner à cause de CO.

BENZINE ET DÉRIVÉS

1ʳᵉ Série. — *I. Comparer la couleur et l'odeur de la benzine pure à celle de la benzine impure.*

La benzine impure est jaunâtre; son odeur un peu désagréable.

II. La benzine doit-elle être un liquide volatil? Pourquoi? Connaissez-vous des corps ayant une odeur très nette, et qui pourtant bouillent difficilement?

Oui, à cause de son odeur. — Oui, par exemple la naphtaline, le camphre.

III. Quand on veut enlever une tache, on essaie d'abord l'eau, puis l'eau de savon, puis la benzine. Donner des exemples et trouver la raison de l'ordre choisi.

Le sucre se dissout dans l'eau; le linge se nettoie à l'eau de savon; les taches de graisse s'enlèvent à la benzine. — On utilise d'abord ce qu'on trouve le plus facilement. D'autre part le sucre par exemple ne se dissoudrait pas dans la benzine.

2ᵉ Série. — On emploie la benzine, la benzine rectifiée, la benzine cristallisable. Quel est, selon vous, l'ordre de pureté de ces liquides? A quoi fait allusion le mot rectifié? Comment expliquez-vous qu'on purifie la benzine rectifiée par cristallisation?

La pureté croît dans l'ordre indiqué. — Rectifier signifie rendre plus pur. — La benzine cristallise et on la sépare du liquide constitué par les impuretés.

3ᵉ Série. — I. Expliquer ce qui se produit dans l'expérience réalisée. (1ʳᵉ Année, 72), pour rendre la flamme de l'hydrogène éclairante.

C^6H^6 vaporisée brûle avec H en donnant C porté à l'incandescence.

II. Dans certains cas on tient à avoir un gaz véritablement d'éclairage (autrement dit lumineux par lui-même). Or, la distillation de la houille donne de la benzine. Est-ce surprenant? Serait-il bon, dans ce cas, de pousser très loin l'épuration physique du gaz? Pourquoi?

Non : C^6H^6 s'extrait des goudrons de houille. — Non : on extrairait C^6H^6 très utile (I).

PHÉNOL

I. La colle liquide, la colle de pâte ou d'amidon moisissent facilement. Qu'y ajouteriez-vous pour les rendre inaltérables?

De l'eau phéniquée.

II. L'acide azotique agit sur le phénol comme sur la benzine et donne l'acide picrique $C^6H^2(AzO^2)^3.OH$, corps jaune, très peu soluble dans l'eau, explosif. Sa solution saturée est un excellent remède contre les brûlures, si on l'applique immédiatement.

On a eu $C^6H^5.OH + 3AzO^3H = C^6H^2(AzO^2)^3OH + 3H^2O$.

ESSENCE DE TÉRÉBENTHINE

1ʳᵉ Série. — I. Expliquer le fonctionnement des récipients florentins.

L'eau plus dense va au fond, puis s'échappe seule par le siphon. L'essence surnage : on vide le récipient quand il est presque rempli d'essence.

II. En quoi diffèrent les récipients florentins de la figure 80?

Dans le récipient de droite seul l'essence peut s'écouler automatiquement par le tube supérieur.

III. Comment reconnaîtriez-vous un vernis à l'alcool d'un vernis à l'essence?

À son odeur.

IV. Une essence de térébenthine donne sur le papier buvard une tache persistante. Que pouvez-vous en conclure?

Elle est impure.

V. Pourquoi l'essence pure agitée avec de l'eau se sépare-t-elle rapidement, l'eau reprenant sa limpidité? Que peut-on conclure quand l'eau reste laiteuse?

L'essence est très légère et non miscible à l'eau. — L'essence est impure.

2ᵉ Série. — *I. Comment feriez-vous pour empêcher l'essence de brûler avec une flamme fuligineuse?*

Faire arriver beaucoup d'air.

II. Quand l'essence s'enflamme, faut-il chercher à l'éteindre en soufflant?

Non : on activerait la combustion.

III. Pourrait-on utiliser en peinture l'essence de térébenthine si elle ne s'évaporait ou ne se transformait pas à l'air?

Non : la peinture resterait fluide.

IV. Comment se fait-il que l'on voie sur les pins et sapins des gouttelettes jaunes plus ou moins souples? Le restent-elles indéfiniment? Que deviennent-elles? A quoi cela tient-il?

Les gouttes les plus souples sont les plus récentes. — Non : elles durcissent en se résinifiant à l'air.

V. Qu'arrive-t-il quand on se frotte les doigts de colophane? Pourquoi le violoniste utilise-t-il cette résine?

Les doigts grippent au lieu de glisser l'un sur l'autre. — Pour que l'archet entraîne la corde et la fasse vibrer.

VI. Expliquer l'emploi des torches de résine? Comment brûlent-elles? Pourquoi?

La torche est imprégnée de résine, sorte de gemme. — La résine brûle avec une flamme rougeâtre éclairante, fuligineuse, en même temps que le bois se consume. — On produit en somme une distillation de la résine, et une décomposition avec combustion des produits obtenus.

CAOUTCHOUC

1ʳᵉ Série. — *I. A quelle propriété fait allusion le mot « gomme élastique », qui est synonyme de caoutchouc?*

A l'élasticité de la substance.

II. *Les flacons de dissolution de caoutchouc doivent-ils rester ouverts? Pourquoi?*

C^6H^6 s'évapore et le caoutchouc redevient solide.

III. *Expliquer les phénomènes qui se passent quand on met une pièce à une chambre à air (bicyclette).*

On met de la dissolution sur la pièce et sur la chambre; quand C^6H^6 est presque évaporé on réunit les deux surfaces; d'où 4 couches de caoutchouc qui forment un tout continu.

IV. *Suivre la façon dont le caoutchouc se dissout dans la benzine. Se fait-elle comme une dissolution ordinaire?*

Non : le caoutchouc se gonfle graduellement et finalement on a un liquide visqueux plus ou moins homogène.

V. *Le caoutchouc laisse-t-il passer le gaz d'éclairage? Qui le prouve?*

Oui : les petits ballons en caoutchouc se dégonflent et retombent.

2ᵉ Série. — I. *Suivre l'action du temps sur les tissus caoutchoutés et sur les pièces en caoutchouc d'une bicyclette.*

Ils deviennent moins souples et plus faciles à déchirer.

II. *Quelles recommandations fait-on pour faciliter la conservation des vêtements caoutchoutés? Quand ils sont durcis on peut les immerger dans de l'eau tiède à 5 %/₀ d'ammoniaque.*

Les tenir à l'abri de la chaleur et de l'humidité.

3ᵉ Série. — I. *Pour retenir une montre en argent, on y adapte parfois un anneau de caoutchouc servant à fermer les bouteilles de bière. Que se produit-il au bout de quelque temps? À quoi est dû le phénomène?*

L'argent noircit au contact de l'anneau, qui contient alors S.

II. *Il arrive souvent que les disques en ébonite « se gondolent » sous l'action des variations de température. Que peut-on en déduire?*

L'ébonite est mauvais conducteur de la chaleur.

TROISIÈME ANNÉE

CELLULOSE ET SES DÉRIVÉS

1ᵉ Série. — I. *Le bois, la paille sont constitués essentiellement par de la cellulose. Est-elle pure? Pourquoi?*

Non : elle n'est pas *blanche*.

II. *Au début un morceau de bois surnage dans l'eau; il va au fond après un temps plus ou moins long. Ceci est-il en contradiction avec la densité de la cellulose? Expliquez.*

Non : l'air des vides est peu à peu remplacé par l'eau.

III. *En quoi le lessivage confirme-t-il certaines propriétés de la cellulose?*

La cellulose ne se gonfle pas et ne se dissout pas dans l'eau.

2ᵉ Série. — I. *Ne pourriez-vous utiliser ce procédé pour extraire l'azote de l'air? En quoi est-il plus simple que le procédé ordinaire (1ʳᵉ Année, 120 ?*

Si : on enlève O, il reste donc **Az**, et cela à la température ordinaire.

II. *Expliquez comment vous pourriez procéder pour faire l'analyse de l'air en volume.*

Produire la réaction en vase clos; mesurer le volume d'air initial et le volume d'azote final.

3ᵉ Série. — I. *Le bois, la paille donneraient un papier coloré. Comment décoloreriez-vous la pâte connaissant les propriétés du chlore et du chlorure de chaux (1ʳᵉ Année, 199, 207, 208)?*

La traiter par **Cl** provenant du chlorure de chaux.

II. *Le chlore, et par suite le chlorure de chaux, attaqueraient le papier et d'une façon générale les tissus, après l'avoir décoloré. L'hyposulfite de sodium $S^2O^5Na^2$ (2ᵉ Année, 224) a la propriété d'enlever l'excès de chlore. Quelle précaution doit-on prendre alors, quand on a blanchi au chlore? Pourquoi l'hyposulfite s'appelle-t-il aussi « antichlore »?*

On traite par l'hyposulfite qui enlève **Cl** d'où « antichlore ».

III. *Étant données les propriétés de* **SO²** *et des sulfites (1ʳᵉ Année,* **156, 154**), *est-il surprenant que la cellulose au bisulfite soit plus blanche que la cellulose à la soude?*

Non : **SO²** est un décolorant.

IV. *Si la cellulose est obtenue en partant du bois ou de la paille, elle est en fibres très courtes et le papier n'est pas solide. Pourquoi ajoute-t-on de la cellulose de chiffons?*

Les fibres plus longues de cellulose de chiffons donnent une sorte de feutre solide.

4ᵉ Série. — I. *Examinez attentivement les phénomènes physiques et chimiques qui se produisent quand on met sur un foyer un morceau de bois : 1º vert; 2º sec.*

1º L'eau s'échappe; le bois se décompose en donnant des fumées combustibles; il reste finalement **C** qui brûle. — 2º La décomposition commence de suite et les fumées brûlent mieux (moins de **H²O**).

II. *Le bois est constitué essentiellement par de la cellulose. Est-elle pure? D'où peuvent provenir les cendres de bois?*

Non, sans quoi il ne resterait pas de cendres. — Des substances minérales du bois.

III. *A quoi pouvez-vous attribuer l'éclat de la flamme du papier qui brûle?*

Aux particules incandescentes de **C**.

IV. *On place du papier qui brûle sur une assiette blanche: comment expliquez-vous la tache jaune qui se forme sur l'assiette, au-dessous du papier?*

Le papier chauffé se décompose et donne des sortes de goudrons.

5ᵉ Série. — I. *Comment vous rendez-vous compte (saveur, réactifs colorés) que l'acide est éliminé?*

Le liquide n'a plus de saveur acide, est neutre aux réactifs.

II. — *Le coton-poudre a pour formule* **C⁶ⁿ H¹¹ⁿ⁻ᵖO⁵ⁿ⁻ᵖ(AzO⁵)ᵖ** *avec* p = 10. *Comment passe-t-on de cette formule à celle de la cellulose et réciproquement?*

A **(AzO³)ᵖ** on substitue **(OH)ᵖ**, et réciproquement.

III. *Est-il surprenant que le coton-poudre ne donne que des produits gazeux en se décomposant et par suite soit le principe actif des poudres sans fumée?*

Non : ses éléments ou sont gazeux, ou donnent avec **O** des composés *gazeux*.

IV. *Comparez la poudre noire et le coton-poudre au point de vue :* 1º *de l'aspect;* 2º *de la constitution;* 3º *de la combustion.*

Poudre noire : en grains noirs, formés de $AzO^3K + S + C$, brûlant en donnant des produits gazeux (ex. : CO^2) et solides (fumée) (composés de K. — Coton-poudre : nitrocellulose en fibres blanches, brûlant en ne donnant que des produits gazeux.

V. *Le fulmi-coton se décompose brusquement : aussi on l'utilise dans les torpilles sous-marines. Quel inconvénient présenterait son emploi direct comme poudre à canon, à fusil? Quel doit être le rôle des traitements qu'on lui fait subir pour en faire une poudre utilisable?*

Être brisant. — Arriver à le faire brûler *graduellement.*

6ᵉ Série. — I. *Le collodion ordinaire manque de souplesse et de cohésion : on lui en donne par addition de 7 o/o d'huile de ricin. Quel collodion prendriez-vous pour couvrir une blessure soigneusement lavée?*

Du collodion riciné.

II. *La soie artificielle, moins solide que la soie, perd toute résistance quand elle est mouillée : et même certaines se ramollissent ou fondent. Que penseriez-vous d'un tel parapluie sous l'averse?*

Il serait vite hors d'état.

III. *La soie artificielle revient de 10 à 15 francs le kilogramme; la soie naturelle de qualité ordinaire coûte 35 francs le kilog. Toutefois on ne consomme environ que 2 millions de kilog. de soie artificielle contre 30 millions de soie naturelle. Calculez la valeur totale de ces diverses soies.*

Environ 1075 millions.

IV. *Comparez la viscose (10) et la soie artificielle.*

Les applications sont analogues : seule, la 2ᵉ est une nitrocellulose.

V. *Trouvez la formule du collodion sachant que p = 8 (Voir II, 5ᵉ série).*

$C^{6n} H^{10n} SO^{5n-8} (AzO^5)^8$.

7ᵉ Série. — I. *Que prendriez-vous pour coller du celluloïd?*

Une dissolution de celluloïd dans l'acétone.

II. *Quelle est l'odeur du celluloïd? Pourquoi?*

Odeur du camphre qui entre dans sa fabrication.

8ᵉ Série. — I. *Les points de fusion et d'ébullition sont-ils en général aussi rapprochés que ceux du camphre?*

Ils sont beaucoup plus éloignés.

II. *On utilise l'alcool camphré. Quelle propriété physique du camphre en résulte?*

Il est soluble dans l'alcool.

III. *Comment expliquez-vous que la guerre russo-japonaise rendit industrielle la fabrication du camphre artificiel? (Toutefois le camphre synthétique coûte plus cher que l'autre.)*

Le Japon ne fournissait plus de camphre; il fallait donc le *fabriquer* dans les usines.

[FARINE ET SES DÉRIVÉS

1re Série. — I. *Combien 100 kilogs de blé devraient-ils donner théoriquement de farine? Quel est alors le rendement d'un bon moulin?*

85kg environ. — Rendement $\frac{75}{85} = 9$ c/o environ.

II. *L'hectolitre de bon blé pèse en moyenne 80 kilogs. Combien donne-t-il de farine? Le tassement a-t-il de l'influence sur le poids?*

$0,75 \times 80 = 60$kg. — Oui : en tassant on diminue les vides.

III. *On estime qu'il y a 18 000 grains de blé par litre, et 24 000 par kilogramme. Quels sont le volume et le poids approximatif d'un grain de blé?*

55 mm³. — 4 cg.

IV. *Posé doucement sur l'eau, le grain de blé flotte. Mouillé, il tombe. Que peut-on en conclure? Et comment peut-on l'expliquer?*

Il est plus dense que l'eau, mais il surnage à cause de l'air adhérent.

V. *Dans le germe il y a en particulier une huile qui rancit. Pourquoi élimine-t-on souvent les germes dans la fabrication de la farine?*

Pour éviter cette huile qui donnerait une mauvaise saveur à la farine.

2e Série. — I. *Quels sont les fruits riches en amidon que vous connaissez. Pourquoi ces fruits sont-ils dits « farineux »?*

Châtaigne; faîne; gland; sarrasin; céréales. — Teneur en amidon.

II. *Pourriez-vous utiliser le microscope pour reconnaître si une farine est falsifiée?*

Oui et en tenant compte de la figure 5.

3e Série. — I. *Pourquoi est-il bon d'ajouter du phénol ou du formol à la colle d'amidon?*

Pour l'empêcher de moisir.

II. *Pour fabriquer de la colle d'amidon, on recommande de délayer de l'amidon dans dix fois son poids d'eau froide, puis de verser le lait obtenu dans une quantité égale d'eau bouillante; on chauffe le mélange sans arriver à l'ébullition et en agitant constamment. — Si l'on ne procédait pas ainsi, faudrait-il verser l'amidon dans l'eau froide que l'on chaufferait ensuite, ou dans l'eau bouillante? Pourquoi?*

Dans l'eau froide, de manière à avoir un lait homogène. Dans l'eau chaude on obtiendrait des grumeaux qui ne disparaîtraient pas.

III. *Pour fabriquer de la « colle de pâte », on remplace simplement l'amidon par de la farine. Le nom « colle de pâte » est-il bien choisi? En quoi diffère-t-elle de la colle d'amidon?*

Oui : pâte délayée et chauffée. — Elle contient en plus le gluten.

IV. *Examinez comment une blanchisseuse procède pour « empeser » le linge. Expliquez les raisons de la façon dont elle procède. En déduire une propriété de l'empois d'amidon.*

Elle trempe le linge dans un lait d'amidon, en exprime l'excès, laisse sécher légèrement, et passe le fer chaud : le lait donne de l'empois desséché, raide et élastique.

V. *Si on ajoute à de l'amidon 7 à 8 fois son poids d'eau, et si l'on chauffe lentement jusqu'à complète évaporation, qu'obtiendra-t-on? — L'eau a-t-elle une action sur la substance obtenue? (songer à ce qui se passe quand des gouttes d'eau tombent sur du linge empesé).*

Une masse translucide, solide, élastique. — Elle la retransforme en empois.

4e *Série. — Ne pourrait-on déduire de la coloration, la proportion d'empois? Comment procéderiez-vous? (Dosage colorimétrique).*

Si. On ajouterait de l'eau iodée à des empois *déterminés*, et l'on chercherait de quelle coloration connue se rapproche le plus la coloration obtenue avec l'empois à étudier.

5e *Série. — I. Le gluten a une grande valeur alimentaire et la soude caustique coûte assez cher. Quel est l'inconvénient de ce procédé?*

Il est coûteux.

II. *Pensez-vous que dans ce procédé il puisse se former des produits ammoniacaux? Pourquoi?*

Oui : on a en présence **NaOH** + substance *azotée*.

6e *Série. — I. Quelle est l'utilité des lavages qui suivent la fermentation?*

Enlever les produits de la fermentation du gluten.

II. *Indiquez les propriétés qu'on utilise et les phénomènes qui se passent dans les traitements que subit l'amidon après la fermentation.*

Insolubilité et finesse de l'amidon; solubilité de l'eau sûre; évaporation de l'eau; inaltérabilité de l'amidon dans l'air tiède.

III. *Comparez les divers modes d'extraction de l'amidon.*

A donne l'amidon et le gluten. — Dans *B* et *C*, on ne retire que l'amidon. — *C* est plus facile et moins coûteux que *B*, mais il dégage une odeur infecte. — Dans tous les cas l'amidon propre obtenu est desséché.

IV. *En mélangeant le jaune et le bleu on peut obtenir du blanc. Pourquoi les blanchisseuses passent-elles le linge au bleu?*

Pour masquer la teinte jaunâtre du linge.

V. *En chauffant de l'amidon dans un tube à essai, il se forme une buée sur l'ouverture du tube. Peut-on en conclure que l'amidon contient de l'hydrogène? Pourquoi?*

Oui, si l'amidon est *sec*, car H^2O contient H provenant du corps.

VI. *Si l'on continue à chauffer, l'amidon brunit, puis noircit, prend une odeur de caramel, et donne des fumées combustibles. Du charbon reste finalement dans le tube. L'amidon est-il une substance organique?*

Oui, par définition.

VII. *Le riz est constitué presque uniquement par des grains d'amidon fortement agglutinés. On chauffe assez longtemps du riz et de l'eau. Pourquoi le riz garde-t-il sa forme? — Si dans l'eau de cuisson filtrée on versait de l'eau iodée, que se produirait-il? — Que faut-il faire pour obtenir de l'amidon de riz? — Quel sera le principe de la préparation, sachant que la matière agglutinante est soluble dans les alcalis? — Que peut être la poudre de riz?*

Les grains restent reliés par le ciment. — La coloration ne sera pas très intense puisqu'il y a peu d'empois dissous. — Détruire l'action du ciment, par exemple en traitant par un alcali. — De l'amidon de riz desséché.

7ᵉ Série. — I. *La mie de pain frais laissé à l'air durcit, s'émiette facilement, puis moisit. Quelles sont les raisons de ces phénomènes?*

L'eau s'évapore et les moisissures tombées se développent.

II. *Pourquoi une grande humidité altère-t-elle les farines?*

Le gluten se modifie.

III. *En collant des déchets de cuir avec de la colle de Vienne et en passant à la presse hydraulique, on obtient des cuirs artificiels. Pourquoi ces cuirs se désagrègent-ils dans l'eau?*

La colle se dissout dans l'eau.

8ᵉ Série. — I. *De la formule $C^6H^{10}O^5$ déduire la composition centésimale de l'amidon.*

$$C^6H^{10}O^5 = 162 \text{ d'où } \frac{72 \times 100}{162} = 44,4 \text{ o/o de } C : \frac{10 \times 100}{162} = 6,2 \text{ o/o de } H ;$$

$$\text{et } \frac{80 \times 100}{162} = 49,4 \text{ o/o de } O.$$

II. *Quelle quantité minima d'oxyde de cuivre* **CuO** *faut-il pour faire l'analyse élémentaire d'un gramme d'amidon?* (2ᵉ Année. **249**).

$C^6H^{10}O^5 = 162^g$ donne $5\,H^2O + 6\,CO^2$ et exige $12\,CuO = 12 \times 79^g$.

Pour 1ᵍ il faut $\dfrac{12 \times 79}{162} = 5,2$ d'oxyde.

III. *Montrez que, dans l'amidon, l'hydrogène et l'oxygène sont en proportion suffisante pour former de l'eau.*
Pourquoi dit-on alors que l'amidon est un **hydrate de carbone?**

$C^6H^{10}O^5$ peut s'écrire $(H^2O)^5C^6$, d'où le nom.

9ᵉ Série. — I. *Est-il surprenant que la croûte du pain contienne beaucoup de dextrine? — A quoi sont dues sa couleur et sa saveur particulières?*

Non : l'amidon chauffé donne de la dextrine. — Aux produits de transformation de l'amidon.

II. *A quoi est due l'odeur du pain grillé?*

L'amidon donne une odeur de caramel, et le gluten de corne brûlée.

III. *Comment reconnaîtriez-vous deux dissolutions très étendues : l'une d'empois d'amidon, l'autre de dextrine?*

L'eau iodée donne avec la première seule une coloration bleue.

10ᵉ Série. — I. *Pour avoir une idée de la richesse en fécule, on détermine parfois la densité de la pomme de terre. Pourquoi?*

Si d est la densité, par *litre* on obtient environ $0{,}20 \times d$ kg de fécule.

II. *Citez les diverses parties des différentes plantes contenant de grandes quantités d'amidon.*

Racine : radis, navet, salsifis, manioc (tapioca). Tige : pomme de terre. Fruit : céréales, châtaigne. Graine : pois, haricots, lentilles, amande.

11ᵉ Série. — I. *Comment expliquez-vous que la pomme de terre cuite dans une chaudière close se fendille? L'intérieur a-t-il le même aspect avant et après la cuisson? Pourquoi n'en est-il pas de même quand la pomme de terre est cuite sous la cendre?*

L'amidon se gonfle en devenant empois. — Il est plus clair, plus mou, un peu opalescent (empois) après la cuisson.
L'eau est disparue en grande partie.

II. *L'empois d'amidon est plus digestible que l'amidon. Quel est le rôle de la cuisson de tous les mets à base de farine?*

Sans doute : il se dissout très facilement. — Transformer l'amidon en empois.

GLUCOSE

1re Série. — I. *Montrer que le glucose est un hydrate de carbone* (**25**, *3e série, III*).

$(H^2O)^6C^6$.

II. *Déterminer la composition centésimale du glucose* $C^6H^{12}O^6$.

$C^6H^{12}O^6 = 6(CH^2O)$ d'où 40 0/0 **C**, 6,7 0/0 **H**; 53,3 **O**.

2e Série. — I. *Comparer la dureté du glucose et du saccharose. Pourquoi utilise-t-on beaucoup le glucose dans la fabrication des bonbons?*

Le glucose est bien moins dur. — Prix moins élevé.

II. *Que pourriez-vous prendre pour colorer votre potage?*

Du glucose caramélisé.

3e Série. — I. *Utiliser cette réaction pour reconnaître le glucose mélangé au sucre ordinaire (qui ne brunit pas) dans les produits commerciaux falsifiés.*

Ajouter **KOH**, et chauffer : brunissement s'il y a du glucose.

II. *Pourquoi ajoute-t-on parfois du glucose dans l'eau des appareils à acétylène (2e Année, **276**)?*

Pour dissoudre $Ca(OH)^2$ formée.

4e Série. — I. *Dans une solution de sulfate de cuivre on verse une dissolution de glucose. Par addition de soude il ne se forme pas de précipité. Qu'arrivera-t-il à l'ébullition?*

On obtient une belle coloration bleue et, à l'ébullition, le mélange se comporte comme la liqueur de Fehling.

II. *On fait bouillir de l'empois d'amidon avec la liqueur de Fehling. Qu'arrive-t-il, sachant qu'il n'y a pas réaction?*

On n'a pas de précipité rougeâtre.

III. *Même question qu'au n° 1 de la 3e série, sachant que le sucre ordinaire n'agit pas sur la liqueur de Fehling.*

Dans le cas unique où le sucre contient du glucose, on a un précipité.

IV. *Imaginer un procédé de dosage du glucose par la liqueur de Fehling : 1° par pesée; 2° par décoloration.*

1° Ajouter un excès de liqueur et peser le précipité; 2° Ajouter graduellement la liqueur titrée, jusqu'à ce que la teinte bleue subsiste.

5e Série. — I. *Que feriez-vous pour rechercher si une personne est atteinte du diabète?*

Faire bouillir de l'urine additionnée de liqueur de Fehling.

II. *Pourquoi restreint-on au minimum les hydrates de carbone dans le régime d'un diabétique?*

Les hydrates de carbone donnent du glucose.

III. *Lequel recommanderiez-vous, à un diabétique, du pain ordinaire ou du pain de gluten?*

Le second, qui ne contient pas d'amidon (II).

6ᵉ Série. I. *Ne pourrait-on chauffer directement le vase R? — Montrer en quoi (25, 6ᵉ série, V, VI) le dispositif employé rend l'expérience plus facile.*

Sans doute, mais le chauffage serait irrégulier et il faudrait remplacer l'eau, sans quoi l'amidon se transformerait tout autrement.

II. *Si l'on versait beaucoup du liquide bouillant dans l'eau iodée, obtiendrait-on immédiatement une coloration (19)? — Pourquoi a-t-on eu soin de prendre beaucoup d'eau iodée, et peu du liquide chaud?*

Non. — Le tout est alors à une température peu élevée et la coloration se produit.

III. *Pourquoi faut-il laver le tube effilé après chaque prise d'essai?*

Il y resterait du liquide de la prise précédente qui pourrait agir.

IV. *Montrer en quoi l'emploi du carbonate de calcium est particulièrement avantageux (prix; facilité pour suivre la neutralisation; produits qui se forment). — Qu'arriverait-il, par exemple, si l'on utilisait la soude? la chaux (28)? le carbonate de sodium?*

Peu coûteux; effervescence tant qu'il reste SO_4H_2; CO_3Ca en excès et SO_4Ca formé se déposent. — Avec $Na(OH)$, un excès réagirait sur le glucose (28); $Ca(OH)_2$ serait dissoute partiellement; CO_3Na_2 en excès serait dissous.

V. *Dans l'industrie, pour saccharifier 100ᵏ d'amidon sec, on utilise environ 1ᵏ d'acide sulfurique. Montrer pourquoi on compte 4ᵏᵍ de carbonate de calcium pour la neutralisation.*

$SO_4H_2 = 98^{gr}$ exige $CO_3Ca = 100^{gr}$.

VI. *La dissolution ne contient-elle pas autre chose que du glucose? 2ᵉ Année, 128.*

Une faible quantité de SO_4Ca dissous.

VII. *Avant de cuire, on se rend compte que les réactions sont terminées par l'iode, le tournesol, l'effervescence. Expliquer l'emploi de chacun de ces réactifs et énumérer les phénomènes qu'ils indiquent.*

L'iode indique que l'amidon est transformé; le tournesol montre que le liquide est neutre; l'effervescence renseigne sur la présence de SO_4H_2.

VIII. *D'où vient le précipité qui se forme au cours de l'évaporation?*

SO^4Ca dissous précipite.

IX. *Il arrive souvent que le sirop soit coloré. Sur quoi le filtreriez-vous pour le rendre incolore (1re Année, **246**)?*

Sur du noir animal.

SUCRE ORDINAIRE

1re Série. — **I.** *Déterminer approximativement la densité du sucre à l'aide d'une pile de tablettes.*

Peser la pile (p^g), en mesurer les trois dimensions (d'où le volume v^{cm3}), alors densité $d = \dfrac{p}{v}$.

II. *Comment procéderiez-vous pour préparer rapidement un sirop de sucre? (A 15° il y a 66 pour °/₀ de sucre dissous dans l'eau pure).*

Mettre 66ᵍ de sucre par 100ᵍ d'eau *chaude*; agiter, et laisser refroidir.

III. *Verser un sirop coloré, par exemple du sirop de grenadine, dans un verre d'eau. Suivre le phénomène qui se produit : 1° quand on n'agite pas le liquide; 2° quand on le remue.*

Le sirop tombe au fond. La dissolution se fait très *lentement* de bas en haut quand on n'agite pas (la coloration rouge monte très lentement). Quand on remue le sirop se mélange (stries) puis se dissout rapidement (homogénéité).

IV. *Quand on tend des fils dans un sirop qu'on évapore, les cristaux se déposent de préférence sur les fils. Qu'indiquent les fils qu'on trouve dans le sucre candi?*

Ce sont les fils tendus primitivement dans le sirop évaporé ensuite.

V. *Est-il surprenant que le sucre se dissolve d'autant mieux que l'eau-de-vie contient plus d'eau?*

Non : c'est l'eau qui dissout le sucre.

VI. *Les mélanges d'eau et d'alcool sont plus légers que l'eau. Comment expliquez-vous que la densité d'une dissolution de sucre dans un mélange d'eau et d'alcool passe de 1,3 à 0,8 quand la proportion d'alcool passe de 0 à 97 °/₀?*

Quand il y a 0 d'alcool le sucre est très soluble; quand il y a 97 °/₀ d'alcool il n'y a pas de sucre dissous, et de plus le solvant est moins lourd que l'eau : les deux causes ajoutent leurs effets.

VII. *Quand on veut dissoudre plus rapidement du sucre dans l'eau-de-vie, on trempe d'abord le sucre dans l'eau. Pensez-vous que ce soit utile?*

Oui : le sucre se dissout en partie dans l'eau qui l'imprègne.

2ᵉ Série. — I. *Calculer la composition centésimale du sucre* $C^{12}H^{22}O^{11}$.

$C^{12}H^{22}O^{11} = 11(C^{12}H^2O) = 11(13,1 + 2 + 16) = 11 \times 31,1$. Donc $\dfrac{13,1 \times 100}{31,1}$

$= 42,12\ \%$ de **C**: $\dfrac{2 \times 100}{31,1} = 6,43\ \%$ de **H**: $\dfrac{16 \times 100}{31,1} = 51,45\ \%$ de **O**.

II. *Ce dégagement d'eau est-il en contradiction avec ce qui a été dit au § 37 ?*

Non : le sucre contient de quoi former de l'eau $C^{12}(H^2O)^{11}$.
Au § **37** ce serait plutôt de l'eau d'interposition.

III. *Deviner ce qui peut se produire quand on met du sucre dans de l'acide sulfurique concentré.*

SO^4H^2 prend l'eau et laisse **C** (II).

3ᵉ Série. — I. *Pourquoi est-il bon d'ajouter un peu de potasse à la liqueur de Fehling?*

Pour neutraliser l'acide qui a favorisé l'interversion.

II. *Comparer l'isomérie et l'allotropie (1ʳᵉ Année, 228).*

Elles sont analogues; l'allotropie se rapporte aux corps *simples*.

III. *Les fruits contiennent toujours des substances acides. Comment expliquez-vous qu'en faisant des confitures avec du sucre ordinaire, il se produise pas mal de glucose?*

Les acides du fruit intervertissent le sucre.

IV. *On mélange à parties égales de sucre de canne et de sucre interverti cristallise difficilement. Comment expliquez-vous que certaines confitures ne cristallisent pas? Et si les fruits sont faiblement acides?*

Dans la cuisson, il s'est interverti pas mal de sucre. — L'interversion est faible: il reste surtout du saccharose qui cristallise.

V. *Montrer pourquoi l'addition d'acide tartrique ou d'acide citrique empêche la cristallisation de confitures faites avec des fruits peu acides.*

Elle favorise l'interversion (III) d'où la non cristallisation (IV).

4ᵉ Série. — I. *Une vessie de porc renferme 1ˡ d'eau sucrée contenant 100ᵍ de sucre dissous. On la plonge dans 9ˡ d'eau pure. Quel est l'état d'équilibre final?*

10ˡ d'eau sucrée contenant 100ᵍ de sucre (10ᵍ par litre).

II. *Si dans cet état d'équilibre, on évapore l'eau sucrée extérieure à la vessie, combien de sucre obtiendra-t-on? Quelle sera la perte? Quel sera le rendement?*

Les 9ˡ donneront 90ᵍ de sucre. Perte de 10ᵍ. Rendement 90 %.

III. *Une vessie de porc renferme v litres d'eau sucrée contenant p grammes de sucre. On l'immerge dans V litres d'eau pure. Quel sera l'état d'équilibre final? Quel sera le poids de sucre obtenu en évaporant le liquide extérieur à la vessie? Quel sera le rendement?*

On a $(V + v)^l$ de dissolution homogène. — $\dfrac{p}{V + v}$ V grammes. —

Rendement $\dfrac{p}{V + v}$ V : $p = \dfrac{V}{V + v}$.

IV. *Quelle quantité d'eau pure doit-on employer pour obtenir un rendement de* r $= 95$ %?

On a $\dfrac{V}{V + v} = \dfrac{95}{100}$ d'où $V = 19\,v$.

V. *Pour épuiser* 1000^{kg} *de betterave il faudrait* 18^{hl} *d'eau pure; il n'en faut que* 14^{hl} *par la diffusion méthodique. Quels avantages en résultent au point de vue économie (eau, récipients et rapidité)?*

On économise 4^{hl} d'eau; les récipients sont plus petits; on a à évaporer 4^{hl} d'eau en moins.

5ᵉ Série. — I. **Problème.** — *Si* 100^{kg} *de betterave ont donné* 125^{kg} *de jus à* 10 %, *quelle quantité d'eau faut-il évaporer pour obtenir un sirop à* 30° *B?*

Il y a 12,5^{kg} de sucre, et 112,5^{kg} d'eau. Le sirop final contient 12,5^{kg} d'eau. Il faut donc évaporer 100^{kg} d'eau.

II. **Problème.** — *Combien* 100^{kg} *de betterave ont-ils donné de sirop à* 30° *B? Combien faut-il enlever d'eau pour que la cuite soit terminée? Quelle est alors la quantité totale d'eau à évaporer par* 100^{kg} *de betterave?*

25^{kg} (I). — 12^{kg}.5 (sirop à 50 %). — 125 — 12,5 = 112^{kg}.5.

III. *Si les sirops de sucre étaient colorés, pourquoi les filtreriez-vous sur du noir animal?*

Le noir animal absorbe les matières colorantes.

6ᵉ Série. — I. *En répétant l'expérience du § 45 avec une vessie contenant une dissolution de sucre et de substances salines, on constate que les substances salines passent beaucoup plus vite que le sucre. En déduire un moyen de séparer les substances dissoutes.*

Produire la diffusion pendant un temps assez court : les sels seront sortis en grande partie de la vessie qui contiendra surtout du **sucre**.

II. *Les mélasses de betterave contiennent des sels de potassium et du sucre. Comment procéderiez-vous pour isoler ces produits?*

Voir I : les sels de **K** diffuseront plus vite que le sucre.

III. *Utiliser un procédé chimique (41) pour extraire le sucre des mélasses.*

Traiter les mélasses par un lait de chaux. Séparer le sucrate de calcium et régénérer le sucre par CO^2.

IV. *Le sucre est un aliment. Que pensez-vous des « fourrages mélassés »?*

Ils sont très nourrissants.

7e Série. — I. *Combien l'amidon fixe-t-il d'eau pour donner du maltose?*

18ᵍ pour 2 molécules (324ᵍ), c'est-à-dire 5,86 %.

II. *La diastase du malt s'appelle* amylase. *1ᵍ d'amylase transforme au moins 2000ᵍ d'amidon, quelle quantité d'eau se fixe sur eux?*

5,86 × 20 = 117ᵍ environ.

FERMENTATION ALCOOLIQUE, LEVURES

1re Série. — I. *Montrer que c'est bien le mouvement d'effervescence qu'impliquent les mots « fermentation, fermenter ». Citer des exemples où ces termes sont employés au figuré.*

Il y a des temps où il ne faut pas irriter les esprits qui ne sont que trop en fermentation (Voltaire). — Les esprits commencent à fermenter.

II. *L'acétone donne avec l'iode la même réaction que l'alcool. Que peut-on conclure de la formation d'iodoforme?*

Elle indique la présence d'alcool ou d'acétone.

2e Série. — *Quelles sont les levures dont le nom rappelle la forme (apis : abeille)?*

Levure elliptique, apiculée.

3e Série. — I. *Traduire en poids l'équation théorique principale de la fermentation alcoolique.*

180ᵍ de glucose donnent 88ᵍ CO_2 et 92ᵍ d'alcool.

II. *Même problème quand il s'agit du saccharose.*

342ᵍ de saccharose et 18ᵍ d'eau donnent 176ᵍ CO_2 et 184ᵍ d'alcool.

III. *Quand un vin pèse d degrés, cela veut dire que de 100ˡ de ce vin on peut extraire dˡ d'alcool pur. En tenant compte du problème précédent, montrer que, pour augmenter de 1 degré la teneur en alcool d'un liquide alcoolique, il faut mettre avant la fermentation environ 1ᵏᵍ,5 de sucre par hectolitre.*

1ˡ d'alcool pèse 0ᵏᵍ,8; donc (II) $\dfrac{342 \times 0,8}{184} = 1^{kg},5$ de saccharose.

IV. *Un vin pèse d degrés alcooliques. Combien le moût (liquide sucré obtenu par broyage du raisin) qui l'a donné contenait-il de grammes de sucre par hectolitre?*

d^1 d'alcool pèsent $0,8 \times d^{kg}$; donc (I) $\dfrac{180 \times 0.8\,d}{92} = 1,6 \times d^{kg}$ environ de glucose.

V. *Montrer que plus le moût est riche en sucre, plus le vin contient d'alcool. Un vin de degré inférieur à 7^0 ne peut ni voyager ni se mettre en bouteilles. Pour une conservation facile et la consommation courante, il faut au moins 8^0. A partir de 10^0 on est assuré d'une conservation de plusieurs années. A quelles quantités de sucre cela correspond-il par hectolitre?*

Cela résulte de I. — A (IV) 11^{kg}; $12^{kg},5$; $15^{kg},6$.

VI. *Si la vendange n'est pas assez mûre, le moût est trop acide et trop peu sucré. Montrer qu'alors : 1° le vin sera peu alcoolique; 2° qu'on augmentera sa richesse alcoolique par addition de sucre (sucrage ou chaptalisation).*

1° Voir I et IV. — 2° Voir III.

VII. *Si la maturation du raisin est trop avancée, le moût est très sucré et pas assez acide. Qu'en résultera-t-il pour le vin?*

Vin riche en alcool. — Fermentation peut-être défectueuse (**60**).

VIII. *Pourquoi une erreur de quelques jours dans l'appréciation de la maturité du raisin peut-elle avoir des conséquences graves pour la qualité et la durée du vin?*

La constitution du moût varie notablement et alors VI. VII.

4e Série. — I. *Pourquoi dans l'Est de la France serait-il bon de réchauffer le moût de raisin, alors que dans le Midi et l'Algérie il faut le refroidir?*

Pour obtenir la température optima.

II. *Quels dispositifs imagineriez-vous dans ce but?*

La cuve contiendrait par exemple un serpentin métallique parcouru par de l'eau chaude ou froide.

III. *Montrer en quoi l'action de la température différencie nettement la levure de bière d'un système chimique ordinaire. (Prendre comme exemple* ClO^3K; $Zn + SO^4H^2$; $CO^3Ca + HCl$.)

L'élévation de température favorise ces réactions chimiques. Pour la levure il y a un optimum et le phénomène cesse si on s'en écarte trop.

5e Série. — I. *Quand l'acidité du moût de vin est trop faible on y ajoute du* plâtre *avant la fermentation (plâtrage). La loi limite la dose de ce sel à 2^g par litre. Pour doser le plâtre on utilise la* liqueur de Marty *(un litre contient en dissolution 1^g de chlorure de baryum et 50^{cm3} d'acide chlorhydrique pur; et 10^{cm3} de cette liqueur précipitent $0^g,1$ de sulfate). A quoi est dû le précipité?*

Au sulfate de baryum SO^4Ba.

II. *A 10cm³ de vin on ajoute 2cm³ de liqueur de Marly, on agite et on filtre. Au liquide filtré on ajoute de la liqueur de Marly et on observe un précipité ou un trouble. Que peut-on en conclure?*

Il reste **SO⁴Ca** dissous. Or 200cm³ Marty (pour 1l de vin) correspondent à 2l de **SO⁴Ca** dissous. On a donc dépassé la limite légale.

6ᵉ Série. — I. *Les cépages les plus riches, servant à faire des vins de liqueur, contiennent au plus 325 de sucre par litre. A quel degré alcoolique cela correspondrait-il? Est-ce possible?*

On a (IV, 3ᵉ série) 32.5 = 1.64 d'où 20° environ. — Non **(61)**.

II. *Expliquer pourquoi l'addition d'alcool peut retarder ou arrêter une fermentation.*

La fermentation est retardée ou arrêtée suivant que le degré est inférieur ou égal à 16°.

III. *Le « vinage » consiste à ajouter de l'alcool au moût par doses fractionnées, au moment de la fermentation. Peut-on ajouter beaucoup d'alcool? Quel sera le résultat final sur le vin?*

Non, car la fermentation irait mal. — Augmenter le degré alcoolique, car en général le moût ne contient pas assez de sucre pour que le vin pèse 16°.

IV. *Comment expliquez-vous la conservation des fruits dans l'alcool?*

L'alcool employé tue les ferments de maladie.

RICHESSE ALCOOLIQUE

1ᵉ Série. — I. *Peut-on plonger directement l'alcoomètre dans un vin pour en mesurer le degré alcoolique, sachant que dans le vin existe un grand nombre de substances dissoutes?*

Non : le degré obtenu serait trop faible.

II. *Même question pour les alcools d'industrie, sachant qu'ils sont formés presque uniquement d'eau et d'alcool.*

Oui.

III. **Problèmes.** — *Faire un coupage, c'est mélanger deux ou plusieurs vins de manière à obtenir un liquide ayant des caractères voulus à l'avance.*

1° On a V litres de vin à d degrés. Quelle quantité V' de vin à d' degrés faut-il leur ajouter pour avoir un mélange à D degrés?

2° On mélange V litres de vin à d degrés et V' litres de vin à d' degrés. Quel est le degré du mélange?

3° On a V litres d'un liquide alcoolique qui pèse 82° à la température de 20°. Quelle est la force réelle? Quelle est la quantité d'alcool contenue dans le liquide total, sachant qu'en passant à 15° le volume diminue de 1/20.

La contraction est en général inappréciable. — Nous écrivons que la quantité d'alcool est invariable.

1° $\qquad d \times 0,01 \times V + d' \times 0,01 \times V' = D \times 0,01 \times (V + V')$ $\qquad$ d'où

$V' = V\dfrac{d-D}{D-d'}$ ce qui suppose $d' < D < d$.

2° La relation précédente donne $D = \dfrac{dV + d'V'}{V + V'}$.

3° A 15° (§ **65**) l'alcoomètre marquerait environ 80°. Mais les V litres occupent $\dfrac{19V}{20}$ litres.

On a donc $\dfrac{19V}{20} \times 0,8 = 7,6\,V$ litres d'alcool.

IV. *Quand la tige d'un alcoomètre est grasse, le degré indiqué est différent du degré réel. Pourquoi faut-il alors la nettoyer au savon et à l'alcool?*

La graisse est dissoute et le liquide mouille l'alcoomètre.

V. *L'eau-de-vie ordinaire pèse 50°. Le trois-six est un mélange d'eau et d'alcool tel qu'avec trois kilog. de ce liquide et environ 6 — 3 = 3 kilogs d'eau on obtient environ 6 kilogs d'eau-de-vie. Le trois-huit serait tel qu'avec trois kilogs de ce liquide et environ 8 — 3 = 5 kilogs d'eau on obtienne environ 8 kilogs d'eau-de-vie. On emploie les eaux-de-vie 4-5, 3-6, 3-7, 3-8. Laquelle est la plus forte? Leurs degrés respectifs sont 78, 85, 88 et 92°; est-ce conforme à leurs définitions?*

C'est naturellement les 3-8 puisqu'il faut ajouter 5^k d'eau à 3^k du liquide pour avoir de l'eau-de-vie à 50°.

L'alcool à 85° (trois-six) contient 79,5 % en poids d'alcool absolu; donc 3^k en contiennent $2^k,38$. L'alcool à 50° contient 42.5 % en poids d'alcool absolu. Donc 6^k en contiennent $2^k,55$ d'alcool absolu. — Traitons le problème inverse. 8^k d'eau-de-vie à 50° contiennent $42.5 \times 8 = 3^k,4$. Il faudrait donc $3^k,4$ d'alcool absolu pour obtenir du 3-8. En réalité on ne prend que 3^k à 92°, c'est-à-dire 88,3 % en poids d'alcool. Il y a donc un écart notable.

Aussi on n'emploie plus que la dénomination 3-6, qui sert à désigner les alcools rectifiés à degré élevé (85° à 97°).

VI. *On utilise parfois l'alcoomètre Cartier qui marque 10 et 12, 13, 14, 15, 19, 25, 28, 35, 44.2 dans les eaux-de-vie pesant respectivement 11, 18, 25, 32, 50, 67, 74, 88, 100 degrés centésimaux. Y a-t-il proportionnalité entre le degré Cartier et la richesse alcoolique centésimale?*

Non : la richesse alcoolique croit plus vite que le degré Cartier.

2ᵉ Série. — I. *Traduire par des graphiques la relation (§ **65**) entre le degré observé et le degré réel : à la température de 5°; 2° à la température de 15°; 3° à la température de 20°.*

II. *Le graphique n'est-il pas assimilable à une droite entre deux points consécutifs? Quelle proportionnalité peut-on en déduire?*

Si. — La variation de degré réel est proportionnelle à la variation de degré lu.

III. *En tenant compte de ce qui précède, déterminer le degré réel quand le nombre lu ne se trouve pas dans le tableau (§ 65). Ainsi, en supposant qu'on fasse la lecture à 1,3 de division, on a trouvé 9° 2/3 (alcoomètre) et 100 (thermomètre). Quel est le degré réel?*

À 10° quand le degré lu croit de $10 - 8 = 2°$, le degré réel croit de $10,6 - 8,5 = 2°,1$. Pour 1° on a $\frac{2,1}{2} = 1°,05$. Pour $9\frac{2}{3} - 8 = 1\frac{2}{3}$ on a $1,05 \times 1,66 = 1°,75$. Le degré réel est donc $8,5 + 1,75 = 10°,25$, ce qui fera à peu près 10° 1/3.

IV. *Et si l'alcoomètre marquait 8° et le thermomètre 17°,5 comment calculeriez-vous le degré réel?*

Quand on passe de 17° à 18° le degré réel passe de 7,8 à 7,7 GL. Donc à 17°5 le degré réel est $7,7 + \frac{0,1}{2} = 7°,3/4$ (difficile à apprécier : il faudrait faire les lectures au 1/4 de degré GL).

V. *Même question si l'alcoomètre marque 8° 1/2 et le thermomètre 17° 1/2 (on suppose les lectures faites à une demi-division près).*

À 17°5 les degrés correspondant à 8° et 10°GL sont (IV) 7 3/4 et 9 3/4. Alors à 8° 1/2 GL correspond $7 3/4 + 1/2 = 8° 1/4$, et l'on dira le degré est compris entre 8 et 8 1/2 G. L.

VI. *Il se peut que le vin contienne des acides volatils. Pourquoi sera-t-il bon alors d'ajouter au vin de la potasse ou de la magnésie, avant de distiller, sachant que les sels correspondants de ces acides sont fixes?*

Les acides volatils ne vont pas se condenser avec l'alcool et ne faussent pas les indications de l'alcoomètre.

VII. *Déterminer le degré d'un vin et d'une eau-de-vie. Plonger ensuite l'alcoomètre directement dans le vin et l'eau-de-vie. Les nombres obtenus sont-ils les mêmes? Dans quel sens ont-ils varié? Pour lequel la variation est-elle la plus grande?*

Non. Les nombres obtenus dans le liquide non distillé sont plus petits surtout dans le vin (substances dissoutes).

VIII. *À 15° c. un compte-gouttes est tel que 100 gouttes d'eau occupent 5 cm³. De l'alcool à 1°, 2°, 3°, 7°, 10°, 11°, 13°, 14°, 15° GL donnerait respectivement 107, 113, 118, 134, 144, 147, 154, 157, 160 gouttes. Ne pourrait-on en déduire un procédé de dosage de l'alcool?*

Oui : prendre une pipette de 5 cm³ et compter combien on obtient de gouttes.

VIN

1re Série. — I. *Pourquoi le vin a-t-il un goût spécial quand la grappe est trop broyée, ou reste trop longtemps dans la cuve?*

Il renferme beaucoup des substances de la râfle.

II. *Si on égrappe le raisin, le vin sera-t-il aussi riche en tanin, en acides? Aura-t-il un goût astringent?*

Il le sera moins. — Non.

III. *La matière colorante de la pellicule s'oxyde à l'air et devient insoluble dans l'alcool. Le vin de raisins secs aurait-il de la couleur?*

Non : la matière colorante est totalement transformée.

IV. *Certains cépages dits « teinturiers » contiennent une autre matière colorante soluble dans l'eau froide. Le moût sera-t-il coloré avant la fermentation?*

Oui.

V. *Pourquoi, avec le raisin rouge ordinaire, la couleur du vin n'apparaît-elle qu'au cours de la fermentation?*

L'alcool formé *graduellement* dissout graduellement les matières colorantes.

VI. *Comment se fait-il qu'en portant une partie de la vendange vers 80° et en versant cette partie dans la cuve, on ait un vin plus coloré? Cette addition de moût chaud peut-elle avoir d'autres avantages s'il fait froid* (**59**)?

L'eau chaude dissout des matières colorantes. — Si le moût est trop froid, la fermentation sera activée.

VII. *Est-il bon d'écraser les pépins dans le foulage?*

Non, à cause de la matière résineuse qu'ils contiennent.

2ᵉ Série. — **I.** *Sachant que la fermentation du moût se produit rapidement, dire pourquoi on prend beaucoup de vendangeurs et pourquoi on remplit une cuve dans la même journée.*

Pour qu'une grande masse de moût entre en fermentation à peu près simultanément.

II. *Qu'arriverait-il si l'on remplissait complètement la cuve?* (*On la remplit aux 4/5*).

Elle déborderait pendant la fermentation (CO_2, chaleur).

III. *Si l'on est obligé d'entrer dans la cuve pour fouler, n'y a-t-il pas des précautions à prendre* (CO_2)? *Lesquelles?*

Il faut éviter l'asphyxie par CO_2. — Une bougie allumée ne doit pas s'éteindre; ou alors la tête doit dépasser notablement la cuve.

IV. *Ne pourrait-on se rendre compte chimiquement de la fin de la fermentation?*

Oui, en déterminant la proportion de glucose.

V. *Comment se fait-il qu'alors le chapeau peut s'enfoncer? — Si la* *partie superficielle de ce chapeau est altérée (aigri, moisi), pourquoi est-il prudent d'enlever cette croûte?*

CO_2 parti ne sert plus de flotteur. — Pour que le vin ne prenne pas de mauvais goût.

VI. *Il reste encore du sucre et des levures dans le vin de goutte; il peut donc se produire une fermentation secondaire. En quoi le soutirage à l'air favorisera-t-il cette deuxième fermentation (58)?*

Il y a aération du liquide.

VII. *Le vin de goutte et le vin de presse ont sensiblement la même composition. Toutefois le second est beaucoup plus riche en tanin que le premier. Pourquoi?*

On a le tanin contenu dans la râfle.

3e Série. — *Le gaz SO_2 a la propriété de décolorer le moût, mais la coloration réapparaît si SO_2 se combine ou s'évapore. Est-il bon de mettre un excès de SO_2?*

Oui : la coloration réapparaîtra plus difficilement.

II. *Pourquoi préfère-t-on décolorer par le noir animal?*

On évite la présence des sels correspondant à SO_2.

III. *Le vin filtré sur du noir animal perd de son bouquet. Lequel vaut-il mieux décolorer, du moût ou du vin fait?*

Le moût, dont le bouquet est peu prononcé.

IV. *Comment se fait-il que le vin blanc soit moins riche en tanin (og.1 à og.4 par litre) que le vin rouge (1g à 3g)?*

En pressurant, on a séparé les parties riches en tanin. — Le raisin blanc est moins riche en tanin que le raisin rouge.

4e Série. — I. *Pourquoi les bouteilles de vin mousseux sont-elles ficelées?*

La pression de CO_2 ferait sauter le bouchon.

II. *Qu'arriverait-il s'il n'y avait pas de levure de bière lors de l'addition du sucre candi?*

Il n'y aurait pas de fermentation, d'où pas de CO_2.

III. *Comment expliquez-vous qu'il se forme un dépôt au cours de la manipulation du champagne? Qu'arriverait-il si on ne l'enlevait pas? (L'opération s'appelle le « dégorgeage ».)*

Le dépôt est au moins constitué par la levure. — Le vin serait trouble.

IV. *Expliquer pourquoi, dans le dégorgeage, on met la bouteille le goulot en bas.*

On n'a besoin, pour ôter le dépôt, que de déboucher et d'enlever peu de liquide.

5ᵉ Série. — I. *Quand on est à la fin d'un tonneau on trouve sur le vin une pellicule blanche. Par quoi est-elle constituée?*

Par le mycoderma vini.

II. *Pourquoi le traitement de la maladie de la fleur consiste-t-il à maintenir les fûts pleins (ouillage)?*

On évite l'air et par suite l'O nécessaire.

III. *Que fait la richesse alcoolique d'un vin atteint de la fleur? Pourquoi devient-il plat et fade?*

Elle diminue, d'où la saveur particulière.

6ᵉ Série. — I. *Comment se fait-il qu'en brûlant une mèche soufrée on arrête le développement du ferment?*

SO_2 en excès nuit au ferment, et détruit O de l'air du tonneau.

7ᵉ Série. — I. *Un vin atteint de la pousse est enfermé dans un tonneau bien clos. Qu'arrive-t-il si on perce un trou dans le fût? Le nom de « pousse » est-il bien choisi?*

Le vin jaillit avec force (pression de CO_2), d'où le nom typique de « pousse ».

II. *Comment se fait-il que la cave joue un grand rôle dans ces deux maladies?*

Si la cave est bonne, la température y est toujours assez basse.

8ᵉ Série. — I. *Pourquoi la graisse s'attaque-t-elle surtout aux vins blancs (82, 3ᵉ Série, IV)?*

Ils sont moins riches en tanin que les vins rouges.

II. *Pourquoi, en Champagne, ajoute-t-on du tanin au vin?*

Pour éviter la graisse.

9ᵉ Série. — I. *Pourquoi faut-il éviter d'introduire des raisins pourris dans la cuve?*

Pour éviter la casse brune.

II. *Étant données les propriétés réductrices du gaz SO_2, comment se fait-il que l'emploi de ce gaz constitue le traitement le plus pratique?*

Il y a peu ou point d'O au contact du vin.

III. *La diastase est détruite par une température de 70° à 75°. En déduire un moyen d'éviter la « casse ».*

Porter le vin de 70° à 80°.

10ᵉ Série. — *Comment expliquer la diminution du volume du vin dans les tonneaux?*

Le liquide imprègne les douves et s'évapore lentement.

11ᵉ Série. — I. *Pourquoi, lors du « collage », le vin ne doit-il pas fermenter, même légèrement?*

CO_2 produirait une agitation du vin et empêcherait les matières en suspension d'être précipitées.

II. *Quelle précaution prendriez-vous si le vin fermentait un peu?*

Arrêter la fermentation par addition de SO_2.

III. *Comment se fait-il que la gélatine colle mieux le vin rouge que le vin blanc?*

Le vin rouge contient plus de tanin.

IV. *Pourquoi est-il bon d'ajouter du tanin avant le collage?*

Pour faciliter la coagulation de la gélatine.

12ᵉ Série. — *Montrer en quoi le filtrage est supérieur au collage.*

On ne fait disparaitre que les matières en suspension (par exemple le tanin subsiste en entier).

13ᵉ Série. — I. *Pourquoi faut-il « pasteuriser » le vin avant qu'il ne soit sensiblement malade?*

Afin que les microbes ne puissent trop le modifier.

II. *Quel traitement feriez-vous subir à un vin qui devient malade?*
La pasteurisation.

III. *Pourquoi les caves froides permettent-elles la conservation du vin pendant de longues années?*

Les ferments s'y développent mal (température trop basse).

IV. *Qu'entend-on par « bonne cave », « mauvaise cave »? Pourquoi une cave avec voûte en maçonnerie est-elle généralement une bonne cave?*

Une bonne cave est celle où le vin se conserve bien. — Parce que la température y varie peu.

V. *Pourquoi le sol des caves doit-il être tenu sec et propre?*

Pour que les germes de maladie ne s'y développent pas.

VI. *Pourquoi faut-il entretenir une certaine ventilation dans les caves?*

Pour qu'elles ne soient pas trop humides.

VII. *Un vin malade est généralement trouble. Pourquoi attache-t-on *une grande importance à la limpidité du vin? Ce caractère est-il suffisant?*

Un vin limpide est généralement sain. — Non : certaines maladies ne le troublent pas.

VIII. *Pourquoi le matériel vinaire doit-il être extrêmement propre?*

Pour éviter la présence des germes de maladie.

IX. *Un tonneau qui vient d'être vidé doit être nettoyé, puis passé à l'eau bouillante (souvent avec des cristaux de soude) et méché. Expliquer le but de ces traitements.*

Le nettoyage enlève les dépôts : l'eau chaude complète le nettoyage et tue les microbes : SO^2 complète la stérilisation et crée un milieu défavorable aux germes de maladie.

X. *Pourquoi traite-t-on les tonneaux qui ont un goût par une solution de chlorure de chaux ou mieux de bisulfite de calcium? Quel est l'inconvénient du chlorure de chaux? Pourquoi emploie-t-on aussi la chaux, la soude, la potasse quand le tonneau est aigri, piqué?*

Cl ou SO^2 tuent les champignons. — **Cl** en excès peut nuire. — Elles neutralisent l'acide formé.

CIDRE ET POIRÉ

1re Série. — I. *La production annuelle du cidre est en moyenne de 17 millions d'hectolitres. Comment expliquez-vous l'irrégularité de la production : 7 millions (1897), 31 (1898), 13 (1901), 45 (1903), 36 (1904)?*

Par l'irrégularité de la récolte (gelée, pluie...).

II. *On se contente souvent de déguster les pommes pour les apprécier. En quoi l'analyse chimique est-elle un grand progrès?*

Elle renseigne exactement sur la quantité des substances (sucre...) qui donneront au cidre sa qualité.

2e Série. — I. *Avant de broyer les pommes, on les lave souvent, ce qui fait perdre 2 %$_0$ de sucre. Quel avantage présente le lavage? (Les germes des maladies proviennent de l'extérieur de la pomme.)*

On enlève bon nombre des germes de maladie.

II. *Au cours de la macération il se perd du tanin. Quel serait le résultat d'une macération trop longue?*

Il disparaîtrait trop de tanin.

III. *Dans quel but, lors du pressurage, fait-on des couches alternatives de pulpe et de paille de seigle?*

Pour faciliter l'écoulement du jus.

IV. *Que pensez-vous de l'utilisation de l'eau de mare dans les remtages?*

Elle est dangereuse, l'eau de mare étant contaminée.

V. *Ne serait-il pas possible d'étendre aux pommes le procédé de diffusion (45)?*

On conçoit facilement que si.

VI. **Problème.** *100^k de pommes donnent environ 65^k de jus pur au premier pressurage, et au 2e pressurage, 40^k de jus dilué correspondant à 22^k de jus pur. Qu'obtient-on par tonne de pommes?*

Ceci correspond à $(65 + 22)10 = 870^k$ de jus pur.

VII. *La densité du moût dépend surtout de la quantité de sucre qu'il contient en dissolution. Construire le graphique de la richesse en sucre d'après la densité, sachant qu'aux densités 1,10; 1,09; 1,07; 1,06; 1,05; 1,04; 1,03; 1,02; 1,01; 1,005 correspondent 207; 193; 150; 129; 106; 84; 63; 42; 21; 10 grammes de sucre par litre.*

VIII. *Peut-on se servir d'un densimètre (aéromètres indiquant les densités), pour déterminer la richesse d'un moût en sucre? Est-ce rigoureusement exact?*

Oui (VII). — Non, car il y a d'autres substances dissoutes.

IX. *Par quel procédé détermineriez-vous exactement la richesse en sucre (30)?*

Au moyen d'une liqueur de Fehling titrée.

3ᵉ **Série.** — I. *Un peu d'acidité favorise la levure. Si le moût est trop acide, en quoi est il utile d'ajouter de la craie?*

CO^3Ca en quantité suffisante neutralise l'excès d'acide.

II. *Que peut produire une dépression barométrique assez forte? Cela peut-il nuire à la clarté?*

CO^2 se dégage, agite les dépôts et trouble le cidre.

III. *Les germes de maladie proviennent de l'air. Est-il bon de restreindre le contact de l'air dans le soulirage?*

Oui.

IV. *Montrer en quoi les bondes représentées par la figure 37 permettent de suivre la fermentation secondaire et d'éviter l'introduction de germes de maladie.*

Les bulles de CO^2 traversent le liquide; et l'air peut rentrer en y laissant ses germes de maladie.

V. *On ferme généralement la bonde avec un linge fin très propre, sur lequel on place de la cendre ou du sable tassé fin. Expliquer le but de cette coutume.*

Les gaz traversent par exemple le sable et se filtrent.

VI. *Pourquoi, pour obtenir du cidre mousseux, met-on le cidre en bouteilles aussitôt la fermentation principale, ou au cours de la fermentation secondaire quand sa densité atteint environ 1,015?*

Il reste encore du sucre qui subira la fermentation.

VII. *Expliquer pourquoi il faut : 1° ficeler les bouteilles de cidre mousseux; 2° les laisser debout 6 à 8 mois; puis les coucher.*

1° Le bouchon saute plus rarement; 2° CO_2 s'échappe lentement par le bouchon, ce qui évite les ruptures. Quand on couche la bouteille la fermentation est très lente et CO_2 est forcé de se dissoudre.

VIII. *Si l'on met du cidre en bouteilles quand la fermentation complémentaire se ralentit, pourquoi couche-t-on alors les bouteilles?*

Parce que CO_2 produit est juste suffisant pour rendre le cidre mousseux.

IX. Problème. — *Dans de l'acide sulfurique très étendu, on verse de l'eau de chaux. Y aura-t-il un précipité? (1ˡ d'eau dissout environ 2ᵍ de sulfate de calcium SO_4Ca. $2H_2O$ et 1ᵍ,8 d'hydrate de calcium). Quels procédés peut-on utiliser pour reconnaître si la neutralisation est complète?*

$Ca(OH)_2 = 74ᵍ$ correspondent à 172ᵍ de sulfate; donc 1ᵍ,8 de chaux donne 4ᵍ,2 de sulfate qui seront presque totalement (4ᵍ) dissous dans les 2ˡ de mélange. — Par les réactifs colorés : tournesol par exemple (rouge si SO_4H_2 en excès; bleu, si $Ca(OH)_2$ en excès).

X. Problème. — *On réalise une dissolution aqueuse contenant 4ᵍ,9 d'acide sulfurique par litre. Pour en neutraliser 10ᶜᵐ³ il faut Vᶜᵐ³ de l'eau de chaux employée. — Pour neutraliser 10ᶜᵐ³ de moût, on constate qu'il faut V'ᶜᵐ³ de la même eau de chaux.*

Montrer que l'acidité totale par litre de moût, évaluée en grammes d'acide sulfurique, est donnée par la formule $4,9 \times \dfrac{V'}{V}$.

1ᶜᵐ³ d'eau de chaux correspond à $\dfrac{4,9}{100\,V}$ᵍ de SO_4H_2. Donc 1ˡ de moût contient $\dfrac{4,9}{100\,V} \times 100\,V' = 4,9 \times \dfrac{V'}{V}$ᵍ de SO_4H_2.

XI. — *Quand l'effervescence d'un cidre résulte de la prolongation de la fermentation alcoolique, il est dit « cidre mousseux ». Peut-on le rendre mousseux autrement? Il porterait alors le nom de « cidre mousseux fantaisie ».*

Oui : par exemple en ajoutant du sucre (et de la levure s'il est nécessaire).

XII. *Comparer la fabrication du vin et du cidre.*

Des fruits on extrait un moût. Mais le pressurage se fait généralement après (vin) ou avant (cidre) la fermentation.

4ᵉ Série. — I. *Pourquoi est-il bon de fermer les tonneaux au moyen de bondes traversées par des tubes bourrés de coton?*

Pour filtrer l'air qui rentre.

II. *Pourquoi est-il bon de recouvrir le cidre d'une couche d'huile?*

On évite la fleur et la piqûre (O nécessaire).

III. *Quelles maladies évite-t-on en maintenant les tonneaux pleins de cidre?*

La fleur et la piqûre (il faut O)

5ᵉ Série. — *Les poires mûrissent beaucoup plus vite que les pommes et « blettissent », ce que ne font pas les pommes. Chercher ce qui doit en résulter au point de vue de la fabrication du poiré.*

Le poiré se fabrique plus tôt et plus rapidement que le cidre.

BIÈRE

1ʳᵉ Série. — *Un hectolitre d'orge pèse en moyenne 65ᵏᵍ. Quel est le poids de malt sec correspondant, sachant que 100ᵏᵍ d'orge donnent de 75 à 80ᵏᵍ de malt sec?*

48 à 52ᵏᵍ.

2ᵉ Série. — *Qu'arriverait-il dans le trempage si les grains étaient de grosseur assez différente?*

Les petits seraient plus mouillés que les gros.

3ᵉ Série. — *Comparer la fabrication du vin et de la bière. Expliquer les ressemblances et les différences.*

Le raisin contient le moût tout prêt. Le grain d'orge renferme de l'amidon qu'il faut transformer en sucre. Le moût fermente dans les deux cas (deux fermentations distinctes pour la bière).

ALCOOL DE BETTERAVE

I. *Le saccharose $C^{12}H^{22}O^{11}$, après avoir été interverti (42), est transformé en alcool (58). Quel est le rendement théorique en alcool du sucre de canne?*

En résumé $C^{12}H^{22}O^{11}(342) + H^2O = 4CO^2 + 4C^2H^6O$ (184) d'où rendement 53,8 %.

II. *En réalité 100ᵏ de sucre de canne donnent au maximum 51ᵏ,10 d'alcool.*

Montrer que 100ᵏ de saccharose correspondent à 105ᵏ,26 de glucose (42) et 100ᵏ de glucose à 90ᵏ d'amidon (33).

Quels sont les rendements en alcool du glucose et de l'amidon?

$$C^{12}H^{22}O^{11} (342) + H^2O = 2\,C^6H^{12}O^6 (360)$$ et 100 correspondent à $\dfrac{360 \times 100}{342}$ = 105,26 de glucose et à 51,10 d'alcool; donc rendement du glucose $\dfrac{51,1 \times 100}{105,26} = 48,5\ \%$. — $C^6H^{10}O^5 (162) + H^2O = C^6H^{12}O^6 (180)$ et 100 de glucose correspondent à 90 d'amidon et à 48,5 d'alcool; donc rendement amidon = 53,8%.

III. *On multiplie souvent le poids du sucre en kilogrammes par le nombre 0,6 pour avoir en litres le volume d'alcool absolu que doit fournir ce sucre en marche normale. Est-on loin du rendement théorique?*

La densité de l'alcool est environ 0,8.

100^{kg} de sucre donnent théoriquement (1) 53,8^{kg} d'alcool ou $\dfrac{53,8}{0,8}$ = 67 litres. La règle conduit à $100 \times 0,6 = 60$.

IV. *Pourquoi, avec les vinasses, les pulpes sont-elles préférables à celles qu'on obtient dans la diffusion avec l'eau?*

Aucune des substances azotées n'est sortie des cellules.

V. *Les vinasses de betteraves sont inutilisables comme aliments (très aqueuses; acides). Pourquoi l'épandage sur les champs en est-il à recommander?*

Elles contiennent des substances minérales (sels de **K** en particulier) utiles aux plantes.

ALCOOL DE MÉLASSES

Questions. — 1. *Les mélasses contiennent des sels organiques de* **K**, **Na**, **Ca**, *à acides volatils. Quelle est l'action de* **SO⁴H²** *sur ces sels? — Ces acides gênant la fermentation alcoolique, qu'arriverait-il si on ne chauffait pas le liquide?*

Il donne des sulfates et des acides volatils dissous. — Ils resteraient dans le liquide et gêneraient la fermentation.

II. *Les mélasses contiennent des tartrates, citrates … de* **K**, **Na**, **Ca**, *et les acides correspondants favorisent la fermentation. Quelle est l'action de* **SO⁴H²** *et du chauffage? (Voir les propriétés des acides organiques).*

On a des sulfates de **K**, **Na**, **Ca** dissous, et des acides peu volatils qui ne disparaissent pas par le chauffage.

III. *Sous l'action des acides même faibles, les nitrites donnent* **AzO**, *produit très antiseptique. Quelle est l'action de* **SO⁴H²** *et du chauffage?*

SO⁴H² donne avec les nitrites du gaz **AzO** que le chauffage fait dégager.

IV. Pourquoi le chauffage du moût à l'ébullition s'appelle-t-il souvent dénitrage?

Par suite de la disparition de **AzO**.

ALCOOL DE GRAINS

I. Pourquoi maintient-on les salles de fermentation à température constante?

Pour favoriser la fermentation.

II. Pourquoi sont-elles lavables à grande eau?

Par la propreté on évite les maladies.

III. Pourquoi brosse-t-on les cuves avec du lait de chaux ou même avec une solution de bisulfite de calcium?

Pour détruire les germes de maladie.

IV. Étant donné le rôle de la diastase dans la fermentation secondaire, peut-on stériliser le moût.

Non : la diastase serait tuée et n'agirait pas.

V. **Problème.** — *100^{k} d'amidon transformés totalement en alcool et gaz carbonique donneraient théoriquement 71^{l} d'alcool absolu. Si on obtient 58^{l}, montrer que le rendement est 81 %.*

LES EAUX-DE-VIE ET LES ALCOOLS

I. 100^{k} de vendange donnent environ 18^{kg} de marcs (70) contenant 8^{k} de liquide. Comment se fait-il qu'on distille ces marcs pour en retirer une eau-de-vie dite de marc?

Le liquide qui imprègne les marcs est presque du vin.

II. Que faire d'un vin impropre à la consommation par suite de maladie?

Le distiller pour en extraire l'alcool.

III. Les lies de vin contiennent 60 % de vin, 20 % de bitartrate de potassium, 5 % de tartrate de calcium. Pourquoi les distille-t-on? Quel est le résidu?

Pour extraire l'alcool qu'elles renferment. — Bitartrate + tartrate.

DISTILLATION, RECTIFICATION

1re Série. — *I. Qu'arriverait-il si l'on chauffait brusquement le vin à distiller?*

Tous les produits volatils distilleraient en même temps.

II. *Montrer en quoi l'art du distillateur à l'alambic consiste à conduire le feu.*

Chauffer graduellement de manière à séparer les produits d'après leur volatilité décroissante.

III. *Généralement des solides se déposent sur les parois de l'alambic. Que pourrait-il arriver si l'on chauffait trop fort certaines parties de la paroi?*

Les solides pourraient se décomposer et donner un mauvais goût à l'eau-de-vie.

IV. *Il arrive qu'il se forme de l'ammoniaque provenant de mauvaises fermentations. Comment expliquer alors la teinte bleutée de l'eau-de-vie (2)?*

L'ammoniaque réagit sur le cuivre.

V. *100^{kg} de marcs de raisin (**70**) donnent une dizaine de litres d'eau-de-vie pesant 50^{0} environ. La distillation des marcs est-elle plus facile que celle du vin?*

Non, car les marcs sont solides, donc difficiles à chauffer.

VI. *Comment expliquez-vous que l'eau-de-vie dépende du cépage, du sol, du climat, de la culture, de la vendange et de la fermentation?*

Le raisin n'est pas le même, donc le moût est différent. On conçoit de plus que la façon de fermenter modifie le liquide final.

VII. *Pourquoi une eau-de-vie conservée dans un fût en chêne se modifie-t-elle (on dit qu'elle « vieillit »)? Quelles modifications se produisent (couleur, saveur, teneur en alcool, volume)? Pourquoi ne vieillit-elle pas dans une bonbonne en verre?*

Elle s'évapore partiellement et dissout certains produits contenus dans le chêne. — Elle brunit, prend une saveur plus douce, est moins riche en alcool et diminue de volume. — Les modifications ne pourraient se produire que par le bouchon.

2ᵉ Série. — *Quand on distille certains liquides alcooliques (surtout provenant de mélasses) dans des appareils en fonte, celle-ci devient assez rapidement une éponge de graphite. Le cuivre est-il préférable?*

Oui : il résiste mieux à l'action des acides.

II. *Le cuivre employé dans la construction des appareils a de 2 à 3 millimètres d'épaisseur. Quel est son avantage (poids, fragilité) quand il s'agit d'appareils à transporter au loin?*

L'appareil en fonte devrait être beaucoup plus épais, donc beaucoup plus pesant, pour avoir la même solidité.

III. *Montrer qu'un appareil en cuivre poli doit exiger moins de combustible qu'un appareil en fonte.*

Il rayonne la chaleur beaucoup moins que la fonte.

IV. *Si certains moûts fermentés attaquent le cuivre, montrer qu'il faut étamer le métal. Pourquoi faut-il éviter tout alliage de plomb?*

L'étain résiste mieux. — **Pb** donnerait des produits vénéneux.

V. *Montrer que si l'on chauffait très longtemps un rectificateur, les moyens goûts arriveraient aux plateaux supérieurs, les plateaux inférieurs étant garnis d'eau.*

La température s'élevant graduellement, les plateaux inférieurs portés vers 100° ne pourraient contenir que de l'eau. Donc les moyens goûts, plus volatils, arriveraient en haut.

VI. *Pourquoi y a-t-il intérêt à chauffer la chaudière par de la vapeur circulant dans des tubes? Qu'arriverait-il si l'on faisait barboter directement la vapeur dans le flegme?*

En marche normale on compte 220 kilogs de vapeur à 160° par hectolitre d'alcool absolu.

On est sûr de ne pas dépasser une température donnée. — La vapeur se condenserait et le flegme deviendrait de plus en plus étendu.

ALCOOL ÉTHYLIQUE

1ᵉ Série. — I. *Quels thermomètres emploie-t-on souvent pour déterminer les basses températures? — Ces thermomètres donnent-ils le point cent? — Pourquoi?*

Les thermomètres à alcool. — Non. — L'alcool bout vers 78°.

II. *L'alcool éthylique s'appelle encore « esprit-de-vin ». Expliquer ce nom.*

C'est la partie très volatile (esprit) extraite du vin par distillation.

III. *Comment expliquez-vous qu'en versant avec précaution du vin sur de l'eau, le vin surnage?*

Sa densité est peu inférieure à celle de l'eau, ce qui est dû à la présence d'alcool.

IV. *La teinture d'iode est plus lourde que l'alcool. Quelle précaution prendrez-vous pour fabriquer rapidement de la teinture d'iode? (On compte 1ᵍ d'iode par 12ᵍ d'alcool.).*

Mettez l'iode dans la partie supérieure de l'alcool.

V. *Les fruits contiennent de l'eau, des principes sucrés et aromatiques. Que se produit-il quand on les immerge dans l'alcool? Pourquoi un fruit se ride-t-il dans l'alcool?*

L'alcool absorbe l'eau et dissout une partie des principes sucrés et aromatiques. — La pulpe contient beaucoup moins d'eau et occupe un volume plus petit.

VI. *Le sucre ordinaire est peu soluble dans l'alcool concentré. Com-*

ment expliquez-vous qu'on puisse conserver les fruits dans un mélange de sirop de sucre et d'alcool?

L'alcool employé ne pèse pas plus de $50°$ GL., et l'eau des fruits passe dans le sirop et l'alcool. Finalement on a un liquide assez peu sucré et pas trop alcoolisé.

2° Série. — *Que doit-il arriver si l'on met du sulfate de cuivre blanc (2e Année, 167).*

1° Dans de l'alcool concentré; 2° dans de l'alcool absolu?

Il bleuit (H^2O). — Il reste intact.

3° Série. — I. *Montrer que la combustion de C^2H^4, dans un pétrole russe, dégage à peu près autant de chaleur que celle de C^2H^6O.*

En effet, C^2H^6O peut s'écrire $H^2O + C^2H^4$ qui doit brûler.

II. *Comparer les volumes des gaz produits dans les deux combustions précédentes. — En déduire que la combustion de l'alcool produira une température moins élevée que celle du pétrole.*

$C^2H^6O + 6O = 2CO^2 + 3H^2O$ (10 vol.); $C^2H^4 + 6O = 2CO^2 + 2H^2O$ (8 vol.) Dans le 1er cas il faut chauffer H^2O en plus.

III. *Est-il prudent de manier de l'alcool concentré auprès d'une flamme? Que feriez-vous si le liquide s'enflammait?*

Non : les vapeurs peuvent s'enflammer. — Par exemple jeter dessus un linge mouillé.

IV. *Un mélange d'eau et d'alcool brûle. Comment expliquez-vous qu'en chauffant la combustion soit plus intense, du moins au début?*

Les vapeurs qui se dégagent sont beaucoup plus riches en alcool.

V. *Suivre la combustion : 1° d'un mélange d'eau et d'alcool; 2° d'alcool absolu.*

La combustion devient de moins en moins vive et s'arrête quand il reste encore du liquide moins alcoolisé que le liquide primitif. — La combustion est complète.

VI. *On fait bouillir dans un petit ballon de l'alcool étendu et l'on constate que les vapeurs ne s'enflamment pas. On ferme le ballon par un bouchon traversé par un tube de verre très long et vertical. On porte à l'ébullition. Comment se fait-il que l'on puisse enflammer ce qui sort du tube?*

La partie supérieure du tube est à une température relativement basse ; il n'y peut donc exister que des vapeurs riches en alcool, par suite très combustibles. En somme on fait, le long du tube, une distillation fractionnée (**120**).

VII. *Le mélange d'acide sulfurique et de bichromate de potassium (solide, rouge brun, cristallisé, de formule $Cr^2O^7K^2, 2H^2O$) est un oxydant. Comment expliquez-vous qu'en chauffant ce mélange avec de* *l'alcool on obtienne de l'aldéhyde acétique? Quel dispositif utiliserez-vous pour faire cette préparation, connaissant la volatilité de l'al-déhyde?*

L'alcool est oxydé partiellement. — Employer l'appareil de la figure 51 et chauffer légèrement le bichromate avec un mélange d'alcool et d'acide étendu.

4ᵉ Série. — *I. Quelles objections pourrait-on faire si l'on traitait de l'alcool étendu d'eau par le sodium?*

On attribuerait H à l'action de **Na** sur H^2O.

II. La réaction du sodium ne tendrait-elle pas à faire assimiler l'alcool à un acide? Montrer en quoi en particulier l'action de l'eau sur l'éthylate empêche cette assimilation.

Oui : H remplacé par **Na**. — Les sels se dissolvent dans l'eau sans se décomposer comme l'éthylate.

5ᵉ Série. — *I. Calculer le molécule-gramme de l'alcool, et celle de l'acide acétique.*

$C^2H^6O = 24 + 6 + 16 = 46^g$. — $C^2H^4O^2 = 24 + 4 + 32 = 60^g$.

II. On mélange 30ᵍ d'acide acétique et 23ᵍ d'alcool. Le mélange est-il équimoléculaire? Quelle sera la composition finale du mélange?

Oui car $\frac{60}{46}$ (1) $= \frac{30}{23}$. — Environ 10ᵍ d'acide libre.

III. Peut-on ajouter de l'acide sulfurique pour faciliter l'éthérification quand cet acide détruit l'un des corps qui peuvent exister?

Non, s'il s'agit d'un corps autre que l'eau.

IV. Le chlorure d'éthyle ne donne pas de précipité avec l'azotate d'argent. Se comporte-t-il comme les chlorures métalliques?

En brûlant du chlorure de méthyle et en dissolvant dans l'eau les produits de la combustion, le liquide obtenu précipite par **Az O³Ag**. *Que faut-il en conclure?*

Dans cette combustion il se produit aussi H^2O *et* CO^2 *(comment le montrer?) Écrire l'équation de combustion de* **C²H⁵Cl**.

Non. — Il s'est formé un chlorure [HCl] — $C^2H^5Cl + 6O = HCl + 2CO^2 + 2H^2O$ (eau de chaux ; buée).

V. Comment expliquez-vous qu'on puisse préparer le chlorure d'éthyle en distillant de l'alcool à 95° saturé d'HCl gazeux?

HCl se dissout et réagit sur l'alcool. En chauffant, **C²H⁵Cl** (bout à 11°) se dégage presque seul (arrêter **HCl** par H^2O à 20°).

VI. Avec un acide monoacide **A.H** *l'alcool ordinaire donne un éther. Combien aurait-on d'éthers avec un acide biacide? Quelles seraient les équations de réaction?*

Deux. — $AH^2 + C^2H^5OH = A.H(C^2H^5) + H^2O$ et $AH^2 + 2C^2H^5OH$
$= A(C^2H^5)^2 + 2H^2O$.

6ᵉ Série. — I. *Pourquoi faut-il déshydrater soigneusement les éthers-sels que l'on veut conserver ?*

Pour qu'ils ne se saponifient pas par H^2O.

ÉTHER ORDINAIRE

1ʳᵉ Série. — I. *Les éthers-oxydes sont-ils saponifiables ?*

Non.

II. *Quelle est la formule de l'éther-oxyde correspondant à l'alcool méthylique* $(C H^3) OH$.

$2CH^3OH — H^2O = (CH^3)^2O$.

III. *Quelle est la formule de l'éther-oxyde correspondant à l'alcool* $R O H$?

$2ROH — H^2O = R^2O$.

IV. *On réalise des éthers-oxydes dits* éthers mixtes *en partant de deux alcools différents. Quelle est la formule de l'éther mixte correspondant aux alcools* $R O H$ *et* $R'O H$?

$ROH + R'OH — H^2O = ROR'$.

2ᵉ Série. — I. *Écrire l'équation de transformation de l'alcool en éthylène.*

$C^2H^6O = C^2H^4 \nearrow + H^2O$.

II. *Quand on verse l'éther d'un flacon on constate qu'il* coule d'abord *des vapeurs. Qu'en conclure pour la densité de ces vapeurs ?*

Elles sont plus denses que l'air, et plus réfringentes.

III. *Calculer la densité de la vapeur d'éther.*

$(C^2H^5)^2O = 74$. Densité $= \dfrac{74}{28,8} = 2,6$ environ.

3ᵉ Série. — I. *Pourquoi l'éther est-il plus dangereux à manier que l'alcool au voisinage d'une flamme.*

Il est beaucoup plus volatil.

II. *Préciser le rôle du bain de sable dans la préparation* (**135**).

Il uniformise la chaleur, aussi le flacon se brise rarement. Et si cela arrivait, le liquide retenu par le sable ne tomberait pas sur la flamme.

III. *Comment expliquez-vous qu'on puisse mettre en évidence l'éther par addition d'eau au liquide obtenu dans l'expérience du § * **135** ?

S'il y a suffisamment d'éther, une partie se sépare et surnage.

ALCOOL MÉTHYLIQUE

1re Série. — A quoi peut être due la flamme du bois qui brûle?

A des composés gazeux combustibles.

II. Examiner et expliquer les phénomènes qui se produisent quand on met un morceau de bois sec sur le feu.

Le bois chauffé se décompose, donne des produits gazeux qui brûlent avec flamme, et du charbon. Finalement C reste seul et brûle tranquillement sans flamme.

III. Expliquez la signification du mot « pyroligneux ».

Obtenu en chauffant (pyro) du bois (ligneux).

IV. Que pensez-vous du mot « esprit de bois »? Le comparer à « esprit-de-vin ».

C'est la partie très volatile (esprit) extraite du bois par distillation. L'esprit-de-vin est la partie volatile (alcool) extraite du vin par distillation.

2e Série. — I. Certaines lampes spéciales produisent du formol. Que peut-on bien y brûler? Et quelle réaction se produit?

De l'alcool méthylique. — $CH^4O + O = CH^2O + H^2O$.

II. Montrer que l'alcool dénaturé est combustible comme l'alcool ordinaire. Quelles autres propriétés communes peuvent-ils présenter?

Les deux alcools qui le constituent sont combustibles. — Assez grande volatilité : densité < 1 : miscibles à l'eau ; formation d'éthers.

III. L'oxalate de méthyle est solide. Comment expliquez-vous que pour obtenir de l'alcool méthylique pur on traite l'esprit de bois par l'acide oxalique, puis on isole les cristaux formés et on les traite par une dissolution de potasse?

CH^3OH donne *seul* un éther solide (oxalate de méthyle) qu'on isole (donc pur) et qu'on saponifie par KOH d'où CH^3OH ↗ pur.

PANIFICATION

1re Série. — I. On pétrit à la main et on a recours aussi au pétrissage mécanique. Quels sont les avantages de ce dernier?

Il est moins pénible, plus parfait (homogénéité plus grande), plus propre (sueur de l'ouvrier...).

II. Pourquoi le boulanger recouvre-t-il la pâte de couvertures de laine, et pourquoi travaille-t-il près du four, surtout en hiver?

Pour faciliter la fermentation en élevant la température.

III. *Expliquez le sens du mot* levure.

Durant la fermentation, la pâte augmente de volume et se *soulève*.

2ᵉ Série. — I. *Qu'arriverait-il si on abandonnait trop longtemps a pâte à elle-même?*

D'autres fermentations se produisent, la pâte s'aigrit puis se putréfie.

II. *Quand la pâte occupe un certain volume, on est certain que la fermentation est suffisante. Imaginez un dispositif avec sonnerie électrique permettant d'avertir qu'il est temps de procéder à la cuisson.*

Dans un cylindre, mettre un volume convenable de pâte. Quand elle a le volume voulu, elle pousse un contact porté par une sorte de couvercle, et la sonnerie marche.

III. *Le pétrissage introduit de l'air dans la pâte. Pourquoi cela est-il utile (58)?*

En favorisant la multiplication des levures.

IV. *Comment expliquez-vous que le gaz carbonique produit dans la fermentation ne s'échappe pas?*

La pâte est trop visqueuse.

3ᵉ Série. — I. *Expliquez pourquoi on compte $0^{kg},6$ et 3^{kg} de pâte pour des pains de 6^{kg} et de 2^{kg}.*

La cuisson enlève d'autant plus d'eau que la surface du pain est grande, et par suite que le pain est plus léger.]

II. *Pourquoi place-t-on les pains les plus petits près de l'ouverture du four?*

La température y est la moins élevée (I).

III. *Comment se fait-il qu'on compte 133^{kg} de pains de 2^{kg} pour 100^{kg} de farine?*

Il y en a plus le sel ($1^{kg},2$) et surtout l'eau (32^{kg}).

IV. *Comment se fait-il qu'on compte 100^{kg} de blé pour 100^{kg} de pain?*

100^{kg} de blé donnent 75^{kg} de farine et par suite 100^{kg} de pain (III).

V. *Le pain contient en moyenne 30 o/o d'eau. La mie et la croûte en renferment-elles la même quantité? Pourquoi?*

La mie en renferme beaucoup plus que la croûte qui a été plus chauffée et qui se laisse traverser difficilement par la vapeur d'eau.

VI. *Pourquoi peut-on généralement considérer le pain comme stérilisé?*

En raison de la température à laquelle il a été porté.

ACIDE ACÉTIQUE

1re Série. — I. *Quelle est la teneur en acide acétique d'un liquide qui contenait 10 %, d'alcool, en supposant que l'alcool ait été totalement oxydé?*

$C^2H^6O = 46^g$ occupent environ 57^{cm3} et donnent $C^2H^4O^2 = 60^g$ qui occupent presque le même volume 55^{cm3}. Donc la teneur en volume en acide est sensiblement égale à la teneur en alcool.

II. *Quelle est la quantité d'air nécessaire à cette oxydation?*

$C^2H^6O = 46^g$ exige $2O = 22^l,3$, soit $22,3 \times 5 = 111^l$ d'air environ. Par litre d'alcool (800^g) cela fait environ 2^{m3} d'air.

III. *Le vinaigre ordinaire contient environ 5 % d'acide acétique. A quelle teneur en alcool cela correspond-il pour le liquide à acétifier?*

A environ 5 % (I).

IV. *Le vinaigre le plus fort est à 10 %. Montrer que le vinaigre assez fort est antiseptique (conservation des cornichons).*

Aucune moisissure, aucune maladie ne s'y développe.

V. *Que pensez-vous que devienne de la « mère de vinaigre » mise dans un liquide passablement alcoolique?*

Elle transforme le liquide en vinaigre. S'il y a trop d'alcool, elle est tuée.

2e Série. — *En quoi cette préparation rappelle-t-elle la préparation de l'acide azotique, de l'acide chlorhydrique?*

On traite par SO^4H^2 un sel de l'acide à préparer.

3e Série. — I. *Trouver la formule des acétates neutres de plomb et de cuivre.*

$(CH^3CO^2)^2Pb$, $(CH^3CO^2)^2Cu$.

II. *Les sels de cuivre sont vénéneux. Faut-il conserver des mets vinaigrés dans des récipients où il y a du cuivre?*

Non : il se formerait des acétates vénéneux.

ACIDE OXALIQUE

1re Série. — I. *Connaissant les propriétés physiques de l'acide azotique, dire ce qui arriverait si on chauffait trop fort.*

Il distillerait.

II. *La réaction est généralement incomplète. Dire alors ce qui reste dans la fiole conique.*

Acide oxalique, sucre, eau, acide azotique.

2ᵉ Série. — I. *A quoi est due probablement la saveur particulière de l'oseille?*

Au bioxalate de **K**.

II. *Dans un cas d'empoisonnement par l'acide oxalique, qu'administreriez-vous au malade?*

De l'eau de chaux d'où C^2O^4Ca insoluble.

III. *Dans une dissolution d'oxalate acide de potassium, on verse de la potasse. Quel corps va se former?*

De l'oxalate neutre $C^2O^4K^2$.

IV. *Une dissolution d'oxalate neutre de potassium traitée par un sel de plomb dissous donne un précipité. Quel est le corps formé? Que se produira-t-il si on l'isole et si on le traite par l'acide sulfurique?*

De l'oxalate de **Pb**. — On aura $SO^4Pb\downarrow$ et $C^2O^4H^2$ libre.

V. *L'oxalate de calcium est soluble dans la plupart des acides. Pourquoi convient-il, avant de rechercher un sel de calcium, de neutraliser la liqueur avec de l'ammoniaque?*

Pour éviter la dissolution de C^2O^4Ca.

VI. *Quelle dissolution emploieriez-vous pour reconnaître l'acide oxalique ou un oxalate dissous?*

$CaCl^2$ dissous dans l'eau.

VII. *Combien l'acide oxalique donne-t-il d'éthers avec l'alcool éthylique, avec l'alcool méthylique? Quelles sont leurs formules?*

Deux. Par exemple $C^2O^4H(CH^3)$ et $C^2O^4(C^2H^5)^2$.

VIII. *Montrer à quelles propriétés on a recours dans la préparation industrielle de l'acide oxalique* (**161**) :
1° Le résidu solide est traité par l'eau. Que se dissout-il?
2° A la dissolution on ajoute un lait de chaux. De quoi est formé le précipité?
3° On décante, et on traite le résidu par SO^4H^2. *Que se produit-il?*
4° On décante et on évapore. Que cristallise-t-il?

1° L'alcali en excès et les oxalates alcalins. — 2° D'oxalate de **Ca**. — 3° Le précipité est séparé, et par SO^4H^2 donne $SO^4Ca\downarrow + C^2O^4H^2$ dissous. — 4° On décante $C^2O^4H^2$ dissous qui cristallise par évaporation.

3ᵉ Série. — I. *On utilise cette réaction pour préparer* **CO**. *Que faudra-t-il faire pour obtenir du gaz pur?*

Enlever CO^2, en faisant barboter dans **KOH** dissoute.

II. *Si dans la fabrication industrielle de l'acide oxalique on mettait trop de* SO_4H_2 *(2ᵉ série, VIII), que pourrait-il se produire en évaporant?*

SO_4H_2 décomposerait $C_2O_4H_2$.

ACIDE TARTRIQUE

1ʳᵉ Série. — *Pour préparer de l'eau de Seltz on pourrait employer, dans des proportions convenables, du bicarbonate de sodium et de l'acide tartrique, ou de l'acide oxalique, ou de l'acide chlorhydrique ou de l'acide sulfurique. Comparer ces divers modes de fabrication en faisant appel aux propriétés physiques, chimiques et physiologiques des corps qu'on met en présence et des corps qui se forment. En déduire pourquoi on n'utilise que l'acide tartrique.*

Les $C_4O_6H_6$ et $C_2O_4H_2$ sont solides, donc faciles à manier; HCl et SO_4H_2 exigent des flacons et sont assez dangereux à manier (vêtements, doigts; action sur l'eau). — La réaction conduirait à tartrate, oxalate (saveur acide), chlorure (salé), sulfate (purgatif) de sodium.

2ᵉ Série. — **Problèmes.** — I. *Calculer la molécule gramme de l'acide sulfurique, et celle de l'acide tartrique* $C_4O_6H_6$.

Montrer qu'un gramme de SO_4H_2 *équivaut à* 1ᵍ,53 *de* $C_4O_6H_6$.

$SO_4H_2 = 98$ (biacide); $C_4O_6H_6 = 150$ (biacide). Et $\dfrac{150}{98} = 1,53$.

II. *Les deux acides précédents sont biacides. Quelles quantités respectives faut-il en dissoudre dans un litre d'eau pour avoir, par litre de dissolution, un gramme (liqueur normale), ou un décigramme (liqueur décinormale) d'hydrogène acide?*

SO_4H_2 49ᵍ (normale) et 4ᵍ,9 (décinormale). — $C_4O_6H_6$ 75ᵍ et 7ᵍ,5.

III. *On réalise* 1ˡ *de dissolution contenant* 8ᵍ,4 *de bicarbonate de sodium dissous. Combien faut-il verser de liqueur décinormale acide dans* 20ᶜᵐ³ *de cette dissolution, pour que le bicarbonate soit totalement décomposé? Quel est le volume de* CO_2 *produit.*

$CO_3NaH = 84$ᵍ exige **1H** acide (soit 1ᵍ) pour se décomposer et donne CO_2. Donc 8ᵍ,4 exigent $\dfrac{1^g}{10}$ de **H** acide, soit 1ˡ de liqueur décinormale, et donnent $\dfrac{CO_2}{10}$ soit 2ˡ23. Donc les 20ᶜᵐ³ exigent 20ᶜᵐ³ de liqueur acide et donnent 44,6ᶜᵐ³ de CO_2.

IV. *Dans* 20ᶜᵐ³ *d'une dissolution d'acide tartrique on verse de la dissolution précédente de bicarbonate. On obtient* Nᶜᵐ³ *de gaz* CO_2. *Quelle est la richesse en acide?*

Si la liqueur était décinormale, il y aurait 7ᵍ,5 par litre et les 20ᶜᵐ³ donneraient 44,6ᶜᵐ³ de CO_2. Il y a donc $\dfrac{7,5 \times N}{44,6}$ ᵍ d'acide par litre.

3ᵉ Série. — I. *On met dans une bouteille de l'acide tartrique dissous; on chauffe au bain-marie et on laisse reposer quelques jours. Que peut-on en conclure si la dissolution est trouble? Sera-t-il prudent de conserver du vin dans ces bouteilles?*

L'acide a réagi sur le verre. — Non : le vin contient de l'acide tartrique et des tartrates.

II. *Les marcs distillés contiennent du bitartrate de potassium (on compte, par 100ᵏᵍ de marcs, 1 à 2ᵏᵍ de crème de tartre brute, valant de 1ᶠ,25 à 2ᶠ le kg). Comment l'en extraire?*

Traiter les marcs par l'eau chaude ; décanter ; évaporer.

III. *Les cristaux ainsi obtenus sont colorés. On peut les décolorer en les faisant bouillir avec de l'eau et de l'argile pure. Que faut-il employer pour avoir une décoloration complète?*

Faire passer la dissolution sur du noir animal.

IV. *Les lies de vin distillées sont filtrées pendant qu'elles sont encore chaudes. Qu'apparaît-il quand le liquide filtré se refroidit?*

Du bitartrate de **K**.

V. *Les levures consomment un peu de bitartrate. En tenant compte de plus de l'action de l'alcool et de la chaleur, expliquer pourquoi l'acidité du vin est plus faible (environ les 3/4) que celle du moût.*

Cela tient à la consommation par les levures et à la diminution de solubilité due au refroidissement du liquide après la fermentation, et à la présence d'alcool.

VI. *Expliquer la formation de la crème de tartre dans les tonneaux.*

Les fermentations secondaires (alcool), la diminution de température, l'évaporation du liquide, amènent la précipitation de $C^4O^6H^5K$.

VII. *Pourquoi le vinage (addition d'alcool au vin) diminue-t-il l'acidité du vin?*

Il précipite en partie $C^4O^6H^5K$.

VIII. *Quelle réaction se produit quand on ajoute du plâtre SO^4Ca à du bitartrate de potassium dissous? A quoi sont dues les propriétés laxatives et irritantes du nouveau liquide? Pourquoi la loi limite-t-elle la dose de plâtre à 2ᵍ par litre?*

$2\,C^4O^6H^5K + SO^4Ca = C^4O^6H^4Ca\downarrow + SO^4K^2 + C^4O^6H^6$. — Au SO^4K^2 formé. — Pour que la dose de SO^4K^2 ne soit pas trop forte.

IX. **Problème**. — *Quel poids P^g de potasse faut-il pour neutraliser complètement p^g : 1° d'acide tartrique; 2° de bitartrate de potassium.*

$C^4O^6H^6 = 150^g$ exigent $2\,KOH = 2\times56^g$ et $C^4O^6H^5K$ en exige 56^g. Donc

$$1° \; P = p\,\frac{56}{75} \qquad 2° \; \frac{P}{2} = p\,\frac{28}{75}.$$

X. Problème. — *Réaliser une dissolution de potasse telle qu'un litre soit neutralisé par 10ᵍ d'acide sulfurique.*

$SO^4H^2 = 98^g$ neutralise $2\,KOH = 2 \times 56^g$. Il faut donc $11^g,43$ **KOH**.

XI. Problème. — *On verse N^{cm3} de la dissolution alcaline précédente dans V^{cm3} de moût et la neutralisation a lieu exactement. Exprimer l'acidité de ce moût : 1° en acide sulfurique; 2° en acide tartrique.*

N^{cm3} neutralisent N^g de SO^4H^2. Donc 1^l de moût contient $\dfrac{1000\,N}{V}$

ou $\dfrac{10\,N}{V}$ g de SO^4H^2, soit $\dfrac{15,3\,N}{V}$ g de $C^4O^6H^6$ (2ᵉ série, I).

XII. *Pour doser l'acide tartrique, libre ou combiné, d'un vin : 1° on transforme d'abord l'acide libre en bitartrate par addition d'acétate de potassium (environ 100ᵍ par litre); 2° à 20^{cm3} de vin on ajoute 80^{cm3} d'un mélange à volumes égaux d'alcool absolu et d'éther; 3° on recueille le précipité qui se forme, on le dissout dans 20^{cm3} d'eau distillée, et on ajoute de la potasse jusqu'à coloration de la phtaléine. Expliquer sur quoi se basent ces diverses opérations.*

Par double réaction (1°) il se forme $C^4O^6H^5K$ qui précipite complètement (2°), qu'on redissout dans une quantité d'eau suffisante et qu'on transforme en $C^4O^6H^4K^2$ (3°) jusqu'à neutralisation complète (la phtaléine indique un excès de KOH).

XIII. Problème. — *Dans la neutralisation précédente il a fallu employer Pᵍ de potasse KOH. Montrer qu'un litre de vin étudié contient $50 \times P \times 3,357^g$ de bitartrate. A quel poids d'acide tartrique cela correspond-il ?*

$C^4O^6H^5K = 188$ exige $KOH = 56$ pour donner du tartrate neutre. Donc P^g de KOH correspondent à $\dfrac{188\,P}{56} = 3,357\,P$ de bitartrate dans 20^{cm3}, ce qui fait $3,357 \times P \times 50^g$ par litre, ce qui correspond à $\dfrac{3,357 \times P \times 50 \times 150}{188}$

$= 2,678 \times P \times 50^g$ d'acide tartrique.

4ᵉ Série. — **1.** *Y aurait-il besoin de transformer le bitartrate en tartrate de calcium si l'acide tartrique était volatil ? Pourquoi ?*

Non : le bitartrate traité par SO^4H^2 donnerait $C^4O^6H^6$ qui distillerait seul en chauffant.

II. *Comment se rend-on compte que le bitartrate est complètement transformé en tartrate neutre ?*

CO^3Ca ne donne plus d'effervescence.

III. *Montrer que l'on pourrait remplacer $CaCl^2$ par n'importe quel sel de calcium soluble. $CaCl^2$ a l'avantage d'être extrêmement soluble.*

En effet $C^4O^6H^4K^2 + RCa = C^4O^6H^4Ca \downarrow + RK^2$ soluble.

IV. Qu'arriverait-il si l'on traitait directement le tartrate de potassium par l'acide sulfurique?

On obtiendrait du sulfate de potassium qui resterait dissous avec $C^4O^6H^6$. En évaporant on obtiendrait un mélange de deux cristaux.

V. Appliquer les lois de Berthollet aux diverses réactions de la préparation.

$$2\,C^4O^6H^5K + CO^5Ca = C^4O^6H^4K^2 + C^4O^6H^4Ca \downarrow + (CO^2 \nearrow + H^2O)$$
$$C^4O^6H^4K^2 + CaCl^2 = C^4O^6H^4Ca \downarrow + 2KCl$$
$$C^4O^6H^4Ca + SO^4H^2 = C^4O^4H^6 + SO^4Ca \downarrow .$$

VI. Problème. — *Quel poids P^g de tartrate de calcium donne p^g de bitartrate de potassium, en supposant la réaction complète (CO^5Ca puis $CaCl^2$)?*

En résumé (V) $C^4O^6H^5K = 188$ donne $C^4O^6H^4Ca = 188$. Donc $P = p$.

VII. Problème. — *Quel poids p^g d'acide sulfurique pur est nécessaire pour décomposer exactement P^g de tartrate de calcium?*

$C^4O^6H^4Ca = 188$ exige $SO^4H^2 = 98$ (V). Donc $p = \dfrac{49}{94}\,P$.

ACIDE LACTIQUE

1re Série. — **I.** *Le papier de tournesol prend dans le lait une teinte violacée qui paraît rouge à côté du bleu et bleue à côté du rouge. Peut-on dire que le lait est acide? basique? Quand le papier bleu de tournesol rougit dans un liquide, et quand le papier rouge bleuit, on dit que la réaction du liquide est* amphotère.

Ni l'un ni l'autre, d'où le qualificatif « amphotère ».

II. *En chauffant 100^l de lait et en le réduisant à 30^l on obtient du lait concentré ou lait condensé. En quoi diffère-t-il du lait ordinaire? Calculer sa densité.*

Il contient moins d'eau. — $\dfrac{1,03 \times 100}{30} = 3,4.$

III. *En faisant couler du lait sur des cylindres portés à plus de 100^0 par la vapeur, comment expliquez-vous qu'on obtienne du lait en poudre? Quelle en est la constitution approximative?*

L'eau s'évapore, il reste donc la crème sèche, le lactose et la caséine.

2e Série. — *Comment expliquez-vous qu'on puisse conserver le lait en le maintenant à moins de 5^0?*

Le ferment lactique n'a pas d'action.

II. *Comment expliquez-vous qu'on puisse assurer une protection temporaire du lait par la* pasteurisation *à 70^0?*

On tue les microbes, en particulier le ferment lactique.

III. *Comment procède-t-on probablement à la stérilisation du lait?*

En le portant à une température suffisante.

IV. *L'équation de transformation du lactose en acide lactique est* $C^{12}H^{22}O^{11} + H^2O = 4C^3H^6O^3$. *Il existe environ 5 % de lactose dans le lait de vache. A quelle quantité d'acide lactique cela correspond-il?*

342^g de lactose donnent $342 + 18 = 360^g$ d'acide. Il y a donc $\dfrac{360}{342} \times 5 = 5,3\,\%$ environ d'acide lactique.

3ᵉ Série. — I. *Pour titrer l'acidité du lait on utilise la soude et la phtaléine. Indiquer quelle doit être la marche à suivre.*

On ajoute au lait un peu de phtaléine, on verse la soude peu à peu jusqu'à ce qu'après agitation la coloration rose apparaisse.

II. *La solution de soude précédente est telle que 1^{cm3} neutralise $0^g,01$ d'acide lactique. Combien 1^l de dissolution contient-il de soude caustique?*

1^l neutralise 10^g d'acide lactique. Or, $C^3H^6O^3 = 90$ exige $NaOH = 40$. Il faut donc $\dfrac{4}{9} \times 10^g$ de $NaOH$ par litre.

4ᵉ Série. — I. *Comment se fait-il que pour obtenir le lactose on concentre à chaud le petit-lait de manière à en faire un sirop épais?*

Tout le lactose y est dissous, et seul.

II. *Pour faire cailler le lait on le met, en hiver, en des endroits chauds. Dans quel but?*

Le ferment lactique agit rapidement, il se forme beaucoup de $C^3H^6O^3$ lactique qui fait cailler d'autant mieux que la température est plus haute.

III. *Quand on chauffe du lait, surtout en été, il se caille parfois, on dit qu' « il tourne ». A quoi est dû ce phénomène?*

Il y a beaucoup de $C^3H^6O^3$ et la température est élevée.

IV. *Les vases dans lesquels on conserve le lait renferment généralement des ferments lactiques. Pourquoi est-il presque impossible de conserver du lait sans qu'il se caille? Que faudrait-il faire pour arriver à ce résultat?*

Les ferments transforment le lactose en $C^3H^6O^3$. — Stériliser les vases.

V. *Comment se fait-il que l'addition de carbonate de sodium empêche le lait de tourner?*

Il neutralise $C^3H^6O^3$.

VI. *On fait cailler soit du lait frais, soit du lait écrémé. Quelle différence essentielle existe entre les deux précipités obtenus?*

Le second ne contient que de la caséine. Dans le premier il y a en plus la crème.

ACIDE TANNIQUE

I. Les peaux simplement desséchées ne se corrompent pas, mais elles sont dures et cassantes, les fibres se collant entre elles. Pensez-vous qu'une peau desséchée et non tannée subirait l'action de la pluie? Que se produirait-il?

Oui: elle se ramollirait et se putréfierait.

II. Autrefois dans des grandes cuves on faisait des couches alternatives de peaux épilées et gonflées et de tan; on arrosait avec de l'eau et de temps en temps on renouvelait le tan épuisé. Que se passait-il? Un tannage parfait exigeait alors deux ans. Comment expliquez-vous que l'emploi des extraits tannants peut réduire cette durée à quelques jours?

L'eau dissout graduellement le tanin, imprègne la peau qui se combine au tanin dissous et devient imputrescible. Quand le tanin du tan est disparu, on remplace ce dernier. — Avec les extraits, on a des solutions de tanin très concentrées, par suite très actives.

III. On peut aussi tanner les peaux avec une solution aqueuse d'alun et de sel marin. On y ajoute du jaune d'œuf et de la farine pour augmenter la souplesse. Tel est le principe de la **mégisserie**. *Le mégissage vaut-il le tannage? S'en rendre compte en examinant des gants qui ont été mouillés.*

Non: l'eau fait des taches sur les gants, qui en séchant durcissent et se rident.

CORPS GRAS

1re Série. — *I. De quels corps se sert-on à la maison pour enlever les taches de graisse? Quel est l'aspect, l'odeur de ces corps? Qu'en conclure relativement aux propriétés des corps gras?*

La benzine, l'éther de pétrole. — Liquides incolores à odeur caractéristique. — Insolubles dans l'eau, solubles dans les liquides précédents.

II. Quand on a sur un vêtement une tache dont on ignore la provenance, quels corps emploie-t-on pour essayer de l'enlever? Suit-on un ordre dans ces essais, et pourquoi?

Eau, savon, benzine ou éther. — L'ordre précédent basé sur la facilité avec laquelle on se procure le corps. D'ailleurs une tache de sucre s'enlève très facilement à l'eau et non à la benzine.

III. A quelle propriété fait allusion l'expression «faire tache d'huile».

A la stabilité de la tache et à son extension graduelle.

2ᵉ Série. — I. *Sécher se dit en latin* siccare. *L'étymologie de siccatif est-elle difficile à trouver et à interpréter?*

Non : à l'air, une huile siccative devient solide, semble sécher.

II. *Est-il surprenant que l'huile de lin augmente de poids à l'air?*

Non : il y a combinaison avec **O**.

III. *L'huile de lin ne sécherait pas assez vite. Pour avoir des* **vernis,** *séchant en une dizaine d'heures, on ajoute un catalyseur qu'on* **appelle** *un siccatif. Les siccatifs sont presque exclusivement des composés du plomb et du manganèse. Quel est leur rôle chimique?*

Rendre plus rapide l'oxydation de l'huile.

IV. *A quoi distingue-t-on le beurre frais et le beurre rance? Quels moyens voyez-vous employer pour conserver le beurre? Quelle explication en donneriez-vous?*

A leur odeur et leur saveur. — Le beurre s'altère surtout à cause de la fermentation des substances étrangères qu'il renferme. Les procédés employés consistent donc à empêcher ces fermentations. 1° Par chauffage (fusion); 2° Par réfrigération ; 3° Par addition de **NaCl**.

3ᵉ Série. — I. *Comment réalise-t-on facilement des liquides très chauds?*

Prendre des corps gras, puisqu'on peut atteindre facilement $300°$.

II. *Comment expliquez-vous le bruit que fait la friture?*

Portée à une température très haute, l'eau de la substance à frire bout très rapidement.

III. *Quelle expérience imagineriez-vous pour vérifier que les corps gras fondent à une température inférieure à $100°$?*

Chauffés avec de l'eau ils fondent alors que l'eau ne bout pas.

IV. *Usage des corps gras dans l'économie domestique.*

Aliments : beurre, lard, saindoux; huile. — Eclairage : huile à brûler.

V. *Quand on a exprimé à froid les graisses oléagineuses, comment expliquez-vous qu'on les épuise par la benzine de pétrole ou le tétrachlorure de carbone?*

La compression ne donne plus rien. La benzine et **CCl⁴** dissolvent ce qui reste.

VI. *Le beurre contient 16 o/o d'eau. Qu'arrivera-t-il si l'on maintient du beurre à $100°$ pendant une douzaine d'heures?*

L'eau part et il ne reste que les corps gras.

VII. *Que pouvez-vous déduire du nom « huile de foie de morue »?*

C'est une huile que l'on extrait du foie de la morue.

4ᵉ Série. — I. *Se brûle-t-on quand on laisse couler un peu de bou-gie sur les doigts? A quoi cela tient-il?*

Non : la température de fusion n'est pas élevée.

II. *N'y a-t-il pas un certain parallélisme entre les propriétés phy-siques des principes immédiats étudiés et des acides correspondants?*

Elles se correspondent (point de fusion, volatilité, solubilité).

III. *Comment distinguez-vous les acides gras des acides étudiés jus-qu'ici?*

Ils sont moins denses que l'eau, insolubles dans l'eau, se décom-posent en se volatilisant, réagissent peu énergiquement sur les bases, se combinent à SO^4H^2.

IV. *Comment reconnaîtriez-vous, par des propriétés purement phy-siques, les acides gras fondus et les acides sulfurique ou azotique por-tés à la même température?*

Les premiers seuls se figent par refroidissement.

V. *L'huile de palme, liquide à partir de 15 à 18°, donne par saponi-fication un mélange d'acides aussi riches en produits solides que si l'on partait du suif. Peut-on dire que la teneur en acides solides est d'autant plus grande que le corps gras primitif est moins fusible?*

Non.

VI. *Comment se fait-il qu'au lieu de « oléine » on dit parfois « oléate de glycérine »?*

Cela rappelle qu'il s'agit d'un éther de l'acide oléique et de l'alcool glycérine.

VII. *On parvient à transformer l'acide oléique $C^{18}H^{34}O^2$ en acide stéarique $C^{18}H^{36}O^2$. Quel est le principe de cette transformation?*

Hydrogéner l'acide oléique.

VIII. *Les graines de ricin contiennent un ferment qui saponifie faci-lement les corps gras. Comment expliquez-vous qu'un procédé récent de saponification consiste à mélanger les corps gras avec des graines de ricin finement broyées? Au bout de vingt-quatre heures, à une tem-pérature ne dépassant pas 42°, il y a jusqu'à 90 0/0 de substance grasse saponifiée.*

Le ferment des graines saponifie les corps gras.

IX. *Quand on saponifie par exemple du suif de bœuf, on obtient un mélange d'acides gras, et l'on appelle titre du suif considéré le point de fusion de ses acides gras.*
Le titre varie de 43 à 47° pour le suif de bœuf, de 45 à 54° pour le suif de mouton, de 35 à 47° pour la graisse de porc.
Pour les huiles le titre est beaucoup plus bas (d'une quinzaine de degrés).

Ces différences ne sont-elles pas en rapport avec la composition?

Le titre semble d'autant plus bas qu'il y a plus d'oléine et **moins** de margarine.

X. *La graisse de bœuf exprimée à 35° donne du suif pressé solide et de l'oléomargarine liquide. Que peut-on déduire de ce fait? Cette « margarine » est propre à la consommation, se conserve bien et ne coûte pas cher, aussi elle fait concurrence au beurre de vache.*

La graisse contient deux principes, différents, l'oléomargarine fondue à 35° et la margarine moins fusible.

XI. *Les graisses des divers animaux (bœuf, mouton, porc) se figent-elles avec la même facilité? Que peut-on en conclure?*

Non. — Elles n'ont pas la même constitution.

XII. *Toutes les huiles se comportent-elles de la même façon par les grands froids?*

Non : elles se solidifient plus ou moins facilement.

XIII. *On importe par an 800 000 tonnes d'oléagineux à Marseille. Quand, par compression, on en a retiré l'oléine liquide, il reste des corps gras solides appelés « végétalines » utilisés pour fritures, surtout en parlant du beurre de coco (extraits des noyaux d'un palmier cocotier appelé « coprah »). Que peut-on conclure de ce fait?*

Ces oléagineux contiennent des principes différents, l'oléine liquide et les végétalines moins fusibles.

5ᵉ Série. — I. *Comment expliquez-vous l'emploi de la glycérine pour guérir les crevasses et les gerçures?*

Elle assouplit la peau en la maintenant humide.

II. *La production annuelle de la glycérine atteint 15 000 tonnes en France, et 20 000 en Angleterre. A quels volumes cela correspond-il?*

A environ 120 et 200 mille hectolitres.

III. *La glycérine contenant 0, 10, 20 et 30 0/0 d'eau a pour densités respectives 1.265, 1.240, 1.213 et 1.185. Comment peut-on reconnaître le degré de pureté d'une glycérine?*

Au moyen d'un aréomètre.

6ᵉ Série. — I. *Comment expliquez-vous l'odeur d'une bougie qu'on éteint? Qu'en concluez-vous au sujet de l'action de la chaleur sur les acides gras?*

La bougie liquide chauffée dans la mèche se décompose en donnant en particulier des produits gazeux combustibles et à odeur irritante.

II. *Expliquer tous les phénomènes physiques et chimiques qui se passent depuis le moment où l'on allume une bougie, jusqu'au moment où elle est éteinte.*

La mèche brûle, la bougie fond, monte par capillarité dans la mèche, se décompose sous l'action de la chaleur en donnant des gaz qui brûlent à l'air. Quand on l'a soufflée, voir I.

7e Série. — I. *Quand, en se lavant les mains, il semble que la peau reste légèrement grasse, qu'est-on amené à penser?*

Il s'est formé des savons insolubles, et l'eau est probablement séléniteuse.

II. *Quelle est la formule du stéarate de sodium? du stéarate de calcium?*

$C^{18}H^{35}O^2Na$, — $(C^{18}H^{35}O^2)^2Ca$.

III. *Expliquer pourquoi une eau séléniteuse est impropre au savonnage.*

Avec le savon dissous elle donne un savon de **Ca** insoluble.

IV. *Suivre le changement de forme et de poids d'un morceau de savon exposé à l'air. Quelle peut être la raison du phénomène?*

Il se racornit et diminue de poids en perdant l'eau qu'il contient.

V. *Que pensez-vous que l'on fasse de l'oléine provenant de la fabrication des bougies?*

Du savon (oléate de sodium par ex.).

VI. **Hydrotimétrie.** — *On dissout 100^g de savon blanc sec dans 1600^g d'alcool à 90° et on ajoute 1^l d'eau distillée: d'où la liqueur A.*

On prépare une dissolution B de 25^g de $CaCl^2$ sec dans 1 litre d'eau. Dans 40^{cm3} de B on verse de A jusqu'à ce que par agitation on obtienne une mousse d'au moins 1^{cm} d'épaisseur et persistant dix minutes. Il faut alors avoir employé 22^{cm3} de A. On dit que 22 est le degré hydro-timétrique de B.

Dans 40^{cm3} d'une eau on doit verser 15^{cm3} de A pour obtenir une mousse persistante. Quel est le degré hydrotimétrique de cette eau?

15.

8e Série. — *Comment expliquez-vous l'action caustique des savons mous sur la peau?*

Par l'excès de **KOH** qu'ils renferment.

ALBUMINE

1re Série. — *Mettre une coquille d'œuf sur des charbons ardents. Examiner les phénomènes qui se produisent. La coquille contient-elle uniquement des substances minérales?*

Voir chapitre CO^3Ca; CO^2; CO, 1re *série*, II, page 18.

La coquille renferme des substances organiques (elle a donné **C**).

II. *Mettre une coquille d'œuf dans de l'acide* **HCl** *étendu. Voir ce qui se passe et en tirer les conclusions.*

Il y a effervescence (CO_3Ca) et il reste finalement une pellicule blanchâtre organique.

2ᵉ **Série.** — *Que se passe-t-il quand on « bat » du blanc d'œuf?*

Il emprisonne des bulles d'air et donne une masse spongieuse blanchâtre.

II. *Pourquoi l'étude de l'albumine est-elle si difficile? (cristallisation, volatilisation, altération).*

Elle ne cristallise pas, ne distille pas, et s'altère très facilement.

3ᵉ **Série.** — I. *Que sentent les œufs pourris? Quelle conclusion pouvez-vous en tirer?*

H_2S — Ils contiennent **S**.

II. *Quand on mange des œufs avec des couverts en argent, le métal noircit. Que peut-on en conclure?*

Il y a formation de Ag_2S avec **S** provenant de l'œuf.

4ᵉ **Série.** — I. *Expliquer ce qui se passe dans les divers modes de cuisson des œufs (œufs sur le plat; omelette; œufs à la coque; œufs durs).*

Sous l'action de la chaleur l'albumine se coagule plus ou moins complètement et donne une substance blanche, élastique. Si l'on a chauffé assez longtemps, le jaune d'œuf durcit à son tour.

II. *La mousse obtenue en battant du blanc d'œuf est jetée dans du lait bouillant, ou de l'eau bouillante. Que se produit-il? (Œufs à la neige).*

L'albumine se coagule d'où une sorte d'éponge blanche qui garde sa forme.

5ᵉ **Série.** — I. *Expliquer le collage du vin par le blanc d'œuf.*

L'alcool du vin coagule l'albumine d'où une sorte de toile qui, dans sa chute, entraîne les solides en suspension.

II. *Dans la maladie de l' « albuminurie », l'urine contient des substances albuminoïdes. Comment peut-on se rendre compte de leur présence : 1° par chauffage; 2° par* AzO_3H; *3° par* SO_4Cu?

En chauffant, l'urine peut se coaguler partiellement. — Traiter l'urine comme il est dit au § **204**.

III. *Une solution concentrée de soude caustique donne avec une ou deux gouttes de* SO_4Cu *très étendu un précipité qui disparaît par agitation. Le liquide obtenu est d'un beau bleu. N'avons-nous pas vu une réaction analogue? (2ᵉ Année, § **171**).*

En traitant la même dissolution par l'ammoniaque.

IV. *Sur la dissolution bleue précédente on verse une solution albumineuse qui surnage. Que se formera-t-il au contact des deux liquides? Pourquoi la coloration sera-t-elle plus visible que dans l'expérience faite au § 204?*

Une coloration rose violacé, très visible par contraste.

V. *Quel contre-poison administreriez-vous dans le cas d'absorption de sulfate de cuivre, de sublimé?*

Du blanc d'œuf battu avec de l'eau.

CASÉINE

1re Série. — *Étant donnée l'action de la chaleur, peut-on dire qu'il n'existe qu'une substance albuminoïde dans le lait?*

Il y en aurait au moins deux (pellicule; caséine dissoute).

2e Série. — **I.** *Le lait contient 4 o/o de caséine. Combien faut-il environ de litres de lait pour obtenir 1kg de caséine?*

Environ 25l.

II. *On fait cailler le lait : 1° écrémé; 2° naturel. Quelle différence principale existera entre les précipités obtenus?*

Dans le second cas la crème sera mélangée au précipité.

III. *En quoi se distinguent probablement les fromages gras les fromages maigres?*

Les premiers contiennent le corps gras du lait; on les obtient donc en faisant coaguler le lait non écrémé.

IV. *En quoi l'emploi de la présure est-il plus simple que celui des acides?*

Un excès d'acide nuirait.

3e Série. — *Quel avantage a la caséine sur le celluloïd?*

Elle est beaucoup moins combustible, et elle ne sent pas le camphre.

FIBRINE

1re Série. — **I.** *Quelle différence existe entre le plasma et le sérum?*

Le sérum contient en moins la fibrine.

II. *Quelles sont les deux conditions à remplir pour obtenir du plasma sanguin?*

Séparer les globules et empêcher la coagulation de la fibrine.

III. *Comparer le lait écrémé et le petit-lait, puis le plasma et le sérum.*

Ils présentent une certaine analogie car petit lait = lait écrémé — caséine ; serum = plasma — fibrine.

IV. *Le froid (vers $0°$), l'addition en quantité assez abondante d'une solution assez concentrée de sel marin, la précipitation des sels de calcium (oxalate neutre alcalin) empêchent la coagulation du sang. Quelles raisons peut-on en donner? (voir aussi 212).*

Le fibrinogène est stable à $0°$. — La fibrine se dissout dans l'eau salée. — Le fibrinogène ne donne pas de fibrine en l'absence de sels de **Ca**.

2ᵉ Série. — I. *Comment expliquez-vous que l'addition du vinaigre empêche la coagulation du sang?*

L'acide acétique dissout la fibrine.

II. *Certaines substances, comme le chlorure ferrique dilué, l'eau oxygénée, favorisent la coagulation du sang. Pourquoi sont-elles dites hémostatiques? Que feriez-vous pour soigner une coupure?*

Elles arrêtent (statique) l'écoulement du sang (hémos). — La laver avec **FeCl³** dissous, ou mieux avec **H²O²** (eau oxygénée) qui est aussi antiseptique.

III. *La substance musculaire débarrassée de sang, puis broyée et pressée à $10°$ donne un liquide (plasma musculaire) qui à $0°$ se coagule, en donnant un caillot constitué par la myosine, substance albuminoïde et du sérum musculaire contenant une albumine coagulable par la chaleur.*

1° *Comparer à la coagulation du sang.*

2° *Expliquer pourquoi de la viande froide hachée, et agitée avec de l'eau froide, donne un liquide rosé, qui chauffé devient gris et donne des flocons d'albumine. (La teinte rose est due à l'hémoglobine qui chauffée s'altère et devient grise.)*

3° *Que doit-il se passer si on met un morceau de viande dans l'eau chaude?*

1° C'est comparable à la coagulation du *plasma* sanguin. — 2° Une partie du sang et du plasma musculaire sont passés dans l'eau. — 3° La partie externe seule, chauffée devient grise et la coagulation des plasmas et sérums y est immédiate.

IV. *La chair est formée de tissu conjonctif et de tissu musculaire. Elle contient environ 75 %, d'eau, 18 %, de matières albuminoïdes (surtout de la myosine), des substances collagènes 2 %, des substances minérales 1.5 %. Qu'est-ce qui se dissoudra dans l'eau chaude?*

L'eau, les substances collagènes et minérales.

V. *Expliquer les phénomènes qui se produisent quand on fait du « bouillon ».*

La viande mise dans l'eau froide perd une partie des produits solubles (III); en chauffant, les substances collagènes et minérales se dissolvent; l'hémoglobine devient grise, il reste le bouilli et le bouillon, liquide contenant surtout de l'eau et les produits dissous. L'écume qui se forme provient de la coagulation de l'albumine du sérum musculaire passé dans l'eau froide.

VI. *L'expérience montre que la viande bouillie a presque la même valeur nutritive que la viande dont on est parti. Le bouillon a-t-il alors une grande valeur nutritive? S'il stimule le système nerveux, à quoi cela peut-il tenir?*

Non. — Aux substances dissoutes.

VII. *Le bouillon contient environ 2 $^0/_0$ de substances dissoutes dans de l'eau. La moitié est formée de substances minérales (surtout phosphate de potassium), le reste de substances organiques azotées, parmi lesquelles de la gélatine. Indiquer la provenance de ces substances.*

Les substances minérales étaient contenues dans la chair. La gélatine résulte de la transformation des substances collagènes.

OSÉINE, GÉLATINE, COLLE FORTE

1re Série. — **I.** *Que devient la chaux dans le traitement des os par* **HCl**?

$$Ca(OH)^2 + 2HCl = CaCl^2 \text{ (dissous)} + 2H^2O.$$

II. *Montrer que l'addition de chaux à la dissolution chlorhydrique donnera un précipité. Par quoi sera-t-il constitué?*

Avec **HCl** le phosphate des os a donné de l'acide phosphorique qui, avec la chaux, se transforme en $(PO^4)^2Ca^3 \downarrow$ insoluble, quand **HCl** en excès a été neutralisé.

2e Série. — **I.** *Examiner la sauce refroidie qu'on obtient dans la cuisson de certaines viandes. Combien y a-t-il de couches? Par quoi sont-elles constituées?*

Deux. — La couche supérieure, blanchâtre, est constituée par de la graisse. — La couche inférieure est brune, élastique: c'est une gelée provenant de la substance collagène.

II. *Comment se fait-il que la colle liquide (je ne parle pas de la gomme arabique) sente souvent le vinaigre?*

On ajoute de l'acide acétique pour que la gélatine reste liquide.

3e Série. — **I.** *Qu'arriverait-il si l'on chauffait par le bas de la gélatine trouble? Se clarifierait-elle?*

Il se produirait des mouvements de convection et le liquide resterait trouble.

II. *La gélatine non desséchée fond assez facilement. Que peut-on* *déduire du fait que dans le séchage lent de la gélatine on* **puisse** *atteindre 70°?*

La gélatine fond d'autant plus difficilement qu'elle est plus sèche.

FERMENTATION PUTRIDE

1re Série. — I. *Est-il surprenant que la variation de température ne soit pas appréciable dans l'expérience citée?*

Non : la chaleur se produit assez lentement pour se perdre au fur et à mesure de sa formation.

II. *A quoi attribuez-vous les fumées qui se dégagent du fumier, en hiver?*

La chaleur dégagée dans la putréfaction, est suffisante pour vaporiser l'eau du fumier.

III. *Comment se fait-il que les tas de foin humide puissent prendre feu?*

La fermentation dégage alors une grande quantité de chaleur, et comme il ne s'en perd qu'une faible partie, la température s'élève notablement.

IV. *Pourquoi, quand le foin est encore humide, les cultivateurs font-ils des couches alternatives de paille et de foin?*

Le foin ainsi aéré se dessèche, et la fermentation est moins active. D'autre part la chaleur produite se répand assez facilement dans l'atmosphère (III).

V. *Quel est le but de la transformation de l'herbe verte en foin? Quels phénomènes se produisent? Quelles conséquences peut-on en tirer?*

La conservation. — Au soleil, l'herbe perd une grande partie de l'eau qu'elle contient. — La putréfaction demande un certain degré d'humidité.

2e Série. — I. *Comment expliquez-vous que le lait présente une résistance remarquable à la putréfaction?*

Il contient du sel, du lactose et souvent de l'acide lactique.

II. *Expliquer l'action antiseptique exercée sur l'intestin par le régime lacté.*

Dans l'intestin le lait donne de l'acide lactique.

III. *Le chou en se transformant en choucroute subit la fermentation lactique. Donner l'une des raisons pour lesquelles la choucroute se conserve bien.*

Rôle antiseptique de l'acide lactique formé.

3ᵉ Série. — I. *Une solution saturée de* **NaCl** *bout à 108⁰; de* **AzO³K** *à 116⁰; de* **CaCl²** *à 180⁰. Que feriez-vous, sans autoclave, pour stériliser à une température supérieure à 100⁰ une substance qui ne se modifie pas à ces températures?*

Placer le récipient qui la renferme dans l'une des dissolutions précédentes et faire bouillir.

II. *Les pots qu'on vient de remplir de confiture sont exposés à l'air sec. Pourquoi se produit-il à la surface une pellicule? Pourquoi cette pellicule résiste-t-elle bien à l'action des ferments?*

Pourquoi applique-t-on sur la confiture un disque de papier trempé dans l'eau-de-vie? Et pourquoi ferme-t-on soigneusement le pot avec un papier ficelé ou collé?

Pourquoi conserve-t-on la confiture en un lieu froid et sec?

L'eau du sirop s'évapore, d'où un revêtement lisse et résistant de sucre. — On évite le contact des microbes; puis l'alcool est antiseptique et hâte la concentration du sirop superficiel. Le couvercle soustrait le contenu à l'action des germes extérieurs. — On augmente les chances de conservation et on évite en particulier les moisissures.

III. *Pourquoi fait-on les envois de poisson dans la glace, en été?*

La température se maintient à 0⁰ et les ferments n'agissent pas.

IV. *A quoi est due la différence d'odeur des boucheries en été et en hiver?*

En été les transformations de la viande sont rapides en raison de la température.

V. *Quand on met du sel sur des haricots verts ou sur de la viande fraîche, on obtient au bout de quelque temps un liquide salé appelé « saumure ». Comment cela se fait-il?*

NaCl a absorbé une grande partie de l'eau contenue dans la substance.

TABLE DES MATIÈRES

PREMIÈRE ANNÉE

DEUXIÈME ANNÉE

TROISIÈME ANNÉE

70700. — Imprimerie LAHURE, 9, rue de Fleurus, à Paris.

www.ingramcontent.com/pod-product-compliance
Lightning Source LLC
LaVergne TN
LVHW021853170726
843503LV00003B/1199